探検データサイエンス

機械学習アルゴリズム

鈴木　顕
［著］

共立出版

刊行にあたって

データが世界を動かす「データ駆動型社会」は，既に到来しているといえるだろう．情報通信技術や計測技術の発展により，社会のあらゆる領域でデータが収集・蓄積され，そこから得られる分析結果が瞬時に実世界へフィードバックされて，社会的価値を生み出している．インターネットで買い物をすれば，次に興味をもちそうな商品リストが提示されるといったサービスはもはや日常のものとなっているが，これらは膨大な顧客の行動履歴に基づく行動予測の理論と実装が大きく進歩したことで実現した．

このように，大規模なデータ（ビッグデータ）から最適解を見つけるというデータ駆動型の手法は，日々の生活や娯楽はもとより，医療，製造，交通，教育，経営戦略，政策決定，科学研究などに至るまで，急速に浸透している．身の回りのものが常時ネットワークに接続され，社会全体のデジタル化が加速し，様々なデータが集積される現代において，データサイエンスや人工知能(AI)，およびその基礎数理の素養は，情報の正しい利活用，社会課題の解決，ビジネスチャンスの拡大，新たなイノベーションの創出のために必須となることは明らかである．

このような時代の要請に応えるべく，全国の大学ではデータサイエンス教育強化が進行している．本シリーズは，AI・数理・データサイエンス (AIMD) の基礎・応用・実践を，人文社会系・生命系・理工系を問わず現代を生きるすべての人々に提供することを目指して企画された．各分野で期待されるデータサイエンスのリテラシーとしての水準をカバーし，さらに少し先を展望する内容を含めることで，人文社会系や生命系の学部・大学院にも配慮された内容としている．データサイエンスは情報技術の発展を支える研究分野に違いないが，本来データサイエンスとは，データをめぐる様々な事象に対して，原因と結果を探し求め，その本質的な仕組みの解明を目的とするサイエンスであるという視点を本シリーズでは大事にする．

データサイエンスはまだ若く，多様な領域にまたがった未踏の原野が遥かに広がっている．データサイエンスへの手掛かりをいろいろな切り口から提供する本シリーズをきっかけとして，読者の皆さんが未踏の領域に好奇心を抱き，まだ見ぬ原野に道を拓き，その探検者となることを期待している．

編集委員を代表して
尾畑伸明

はじめに

皆さんの多くは人工知能という言葉を聞いたことがあるだろう．では「人工知能とは何か」と聞かれて答えられる人はどれだけいるだろうか．人工知能にきちんとした定義を与えるのはとても難しいが，「人間のようなことをするコンピュータ」「感情や知能をもったコンピュータ」というイメージを抱いている人が多いようだ．

そんな人工知能の研究分野に，機械学習というものがある．最近いろいろなところで機械学習という言葉を耳にするようになったが，実際，機械学習はどのようなところで役に立っているのだろうか．警察では指紋認証によって犯人を割り出し，空港では顔判別によってスムーズに入出国審査を済ます．病院では，がんの判定の精度が上がってきている．実は，これらすべての技術は，機械学習の「分類」と呼ばれる技術，もっと細かくいうと，「画像認識」と呼ばれる技術によって支えられている．画像認識技術の発展によって，文字認識も精度が大きく上がってきており，自動車の自動運転技術も日々進歩している．

機械学習は画像認識の他にも，例えば日本中の観測データから天気を予測したり，学習傾向から志望校の合格率を計算したりすることに使われ，通信販売サイトの商品のレコメンデーションもかなり性能が上がってきている．

このように，一言で機械学習といっても，様々な種類がある．本書は，「人工知能や機械学習という言葉は聞いたことがあるけれど，それが一体どのようなものなのかさっぱりわからない」といった人を対象に，機械学習の世界の全容・大枠を伝えることを目的としている．難しい数式などは極力使わずに，機械学習にはどのようなものがあって，どうすることで何ができるのかを説明していく．

機械学習は世界的に着目されており，既存のライブラリ等を使用すれば誰でも簡単に実践できるようになった．そのライブラリの中では実際にどのような計算が行われているのだろうか．本書では，機械学習をより良く利用する上で重要となる，いくつかのアルゴリズムを扱う．機械学習のアルゴリズムを身につけることで，「既存のライブラリを使用したらよくわからないけどうまくいった」といった受身の機械学習を脱却し，より高度な機械学習技術の習得が可能になることを目的としている．

もちろん，本書を読んだからといって，すぐに今日からバリバリ機械学習を使いこなせるようになるというものではない．しかし，機械学習を行うにあたって決して避けて通ることのできない，最も根本的な部分を広く扱っている．読者が将来機械学習に触れた際に，本書の内容が少しでも役に立つことを願って．

2021 年 5 月

鈴木　顕

目　次

——第1章——

機械学習とアルゴリズム

1.1　機械学習とは

1.1.1　これまでのコンピュータとこれからのコンピュータ

皆さんは，「コンピュータ」と聞いてどのようなものを想像するだろうか．コンピュータは人間の命令を忠実に，そして高速に実行する．足し算や掛け算に限らず，人間の命令に従って，何百，何千という処理を瞬きよりも速く終えてしまう．しかも，（コンピュータが故障しているとか，命令が間違っているとか，そういった場合を除いて）答えを間違えることもない．

ところが，これはコンピュータの強みであるのと同時に，弱みでもある．コンピュータはルールに従った動作しかしない．ルールにない動作はできず，そもそもルールを教えてもらわなければ何もできない．例として，「長方形の縦の長さと横の長さのデータが与えられたときに面積を求める」という作業をコンピュータにさせることを考えてみよう．私たちは，縦の長さと横の長さの掛け算によって，長方形の面積が求まることを知っている．したがって，コンピュータにそう命令することによって，コンピュータは長方形の面積を次々と計算してくれる．

では，コンピュータはありとあらゆる物事を計算することができるだろうか．今回はたまたま人間が長方形の面積を求めるルールを知っていたため，そのルールを教えることでコンピュータは無事計算することができた．しかし，世の中にはルールがわかっていないものが数多く存在する．例えば，お店である人がこれまでに手に取った商品の情報から，次に手に取る商品を推測するルールがわかるだろうか．監視カメラが捉えた人の顔から，その人の性別や年齢を判定するルールがわかるだろうか．このようなあいまいな計算は，これまでコンピュータが苦手とする計算だと考えられてきた．ところが，機械学習の登場でその考えは大きく裏切られることとなった．

機械学習 (machine learning) では，データからパターンを抽出して，ルールそのものを予測する．コンピュータにルールを教えなくても，それこそ，人間がルールを知らなかったとしても，コンピュータ自身が勝手にルールを見つけ出してくれる．

学習といっても，ここでいう学習はコンピュータが授業に参加したり，問題集を解くことでお勉強をするのとは少し異なる．赤ちゃんが初めて立ち上がろうとするときのことを考えてみよう．赤ちゃんは，親から「ここで筋肉に力を」「重心を右に」といったルールを教えてもらうわけではなく，何回も何回も自ら試行錯誤を繰り返し，うまくいくパターンやルールを探し出す．すなわち，立ち上がり方を学習しているわけである．赤ちゃんはこの学習によって，ルールを教わることなく，自分で歩けるようになる．それをコンピュータ，機械にやらせてみようという試みが機械学習の始まりだった．

機械学習と聞くと，最近出てきた新しい技術のように感じる人も多いかもしれない．しかし，機械学習の研究自体は意外なほど古くから続けられている．例えば，機械学習の有名なものの一つに，**深層学習** (deep learning) と呼ばれるものがある．深層学習が世界中で話題になったのは 2012 年のことだが，実はその研究の発端は 1943 年にまで遡る．ただ，研究の初期はコンピュータの性能も低く，理論はあっても実装するには至らなかった．それが最近になり，コンピュータの性能向上や様々な新しいテクニックの登場，特に後述するアルゴリズムの技術の進化によって，複雑な計算も高速に解けるようになり，深層学習はついに日の目を見ることができたのである．

1.1.2 最近の技術

先述の通り，機械学習とは，人間がルールを知らなくても，コンピュータがデータからパターンを抽出して，ルールそのものを予測する技術である．では，世の中ではどのような場面で機械学習が使われているのだろうか．

■ 商品レコメンデーション

皆さんは，インターネット上の通信販売（ネット通販）を利用したことはあるだろうか．ネット通販で商品を購入すると，「この商品を買った人はこんな商品も買っています」といったページが表示されることがある．店は，客が必要と思われる商品を先回りして薦めることで，売り上げにつなげている．似た商品だからといって，洗濯機を買った客に別の洗濯機を薦めても，買ってくれる人はあまりいないであろう．一方で，その洗濯機と一緒に使える洗剤やネット，振動防止ゴムなどを薦めたら買ってくれそうな気がするのではないだろうか．一体どうやって薦める商品を選んでいるのだろう．

機械学習は，データからパターンを抽出して，ルールそのものを予測するということを述べた．商品レコメンデーションに当てはめると，その店の過去の様々な客の購入履歴などから，次の客がどんなものをこれから購入するかを予測している．

■ カメラの顔検出

カメラはとても身近な存在になった．高性能なカメラの中には，人の顔の位置を自動で探し出し，フォーカスしてくれるものもある．スマートフォンアプリの中には，写真に写っている 2 人の顔だけを入れ替えたり，顔のパーツを動物のものに変えてしまったりなど，様々な機能をもつものもある．重要なのは，これらの技術はすべて，画像の中から人間の顔の位置を見つけられないと実現できないということである．

他にも，最近の監視カメラの中には，写った人の顔に着目し，そこから年齢や性別を推定するものもある．デパートの入口などに設置することで，どのような層がどのような商品を買ったかといった情報を得られるようになる．では，一体どうやって顔の位置を探し，一体どこから年齢や性別を推定するのだろう．機械学習では，目と目の間の距離，目と鼻の位置関係，口の形，輪郭，髪の色といった様々なデータを駆使して，それらの推定を行っている．

■ 医療診断

これは2016年の出来事である．ある60代の女性が，医師に「急性骨髄性白血病」と診断され，数カ月治療を続けたが，悪化する一方だった．そこで，2000万件のがんに関する論文で学習した人工知能に診断させたところ，たった10分ほどで医師の診断は間違いであり，実際の病気は「二次性白血病」であることを見抜いた．女性はその後適切な治療に変更することで無事に退院できた．これに対して当時の人工知能学会の会長山田誠二教授は，「人工知能が人の命を救った国内初のケース」と述べている．

このすごい人工知能は，IBMによって作られたワトソン (Watson) と呼ばれる質問応答システムである．元々クイズに答えることを目指して作られたものであったが，現在では様々な場所で活躍している．飛行機の予約受付・電車の業務支援・保険の審査，最近では料理人や画家としても活躍しているらしい．そしてついには医師のようなことまでできるようになっている．今後どうなっていくのか，非常に楽しみである．

実はこの事例も機械学習の一種である．先述のように，ワトソンは2000万件のがんに関する論文からパターンを抽出し，予測したルールに基づいて患者の病名を診断している．

1.1.3 人間 vs. コンピュータ

ここからは，人間とコンピュータの戦いについて見ていこう．「コンピュータは人間を超えられるか？」といった疑問は，様々な場所で投げられている．人間が走っても自動車や新幹線に敵わないのと同じで，足し算や掛け算の速度では人間がコンピュータに勝てないことは明らかである．では，この疑問にはどのような意図があるのだろうか．

コンピュータの技術がいまの速度のまま進歩し続けると仮定すると，2045年には，全人類の脳の計算性能を超えるコンピュータを10万円程度で購入できるようになるといわれている．一方で，計算性能で上回っただけで，コンピュータが人間に勝ったといってしまってよいだろうか．脳の仕組みは未解明な部分が少なくない．また，単に計算能力が上回ることで，人間の知性を手に入れるとも考えづらい．

そこで本書では，この疑問の意図をひもとくためにいくつかのゲームについて扱っていく．

■ チェス

1996年2月に，ガルリ・カスパロフ氏とディープ・ブルーの間でチェスの六番勝負が行われた．ガルリ・カスパロフ氏はチェスの世界チャンピオンで，ディープ・ブルーはIBMの作ったコンピュータである．ディープ・ブルーは初戦に勝つが，その後振るわず，1勝3敗2分で負けてしまった．

その後もディープ・ブルーは改良が続けられ，1997年5月には再び，ガルリ・カスパロフ氏とディープ・ブルーの間でチェスの六番勝負が行われた．その結果，ディープ・ブルーは2勝1敗3分で勝利した．もちろん，一度勝ったからといって「人間を超えた」と言い切ることはできないが，世界チャンピオンに勝利した初のコンピュータプログラムとして，その名を知らしめたのであった．

■ 将 棋

日本では将棋での戦いも有名である．将棋はチェスに比べて駒の数や種類が多いだけでなく，一度盤面から除外された駒が再び盤上に戻るルールなどもあるため，チェスよりも難しい（複雑な）ゲームと考えられている．

1975年には既に将棋を指すコンピュータが作られ始めていた．ただ，当時のコンピュータはとても高価であり，とても個人で買えるようなものではなかった．いわゆるデスクトップパソコンは，現在の資産価値に換算しておよそ240万円で売られていたほどである．そんな中，1979年に早稲田大学や大阪大学などの間で，コンピュータ同士による将棋の対戦が始まった．ちなみに，当時の通信技術は現在のように発達はしておらず，コンピュータが1手指すたびに指した手を電話で相手に伝えていたらしい．

コンピュータが普及するにつれて，「どのコンピュータが一番強いのか」という興味も出てくる．1990年から現在に至るまで，コンピュータ将棋協会主催により「コンピュータ将棋選手権」が毎年開催されている，表1.1は，歴代の大会結果である（2020年は中止）．

表 1.1 コンピュータ将棋選手権の大会結果

	1 位	2 位	3 位
第 1 回（1990 年）	永世名人	柿木将棋	森田将棋
第 2 回（1991 年）	森田将棋	極	永世名人
第 3 回（1992 年）	極	柿木将棋	森田将棋
第 4 回（1993 年）	極	柿木将棋	森田将棋
第 5 回（1994 年）	極	森田将棋	YSS
第 6 回（1996 年）	金沢将棋	柿木将棋	森田将棋
第 7 回（1997 年）	YSS	金沢将棋	柿木将棋
第 8 回（1998 年）	IS 将棋	金沢将棋	Shotest
第 9 回（1999 年）	金沢将棋	YSS	Shotest
第 10 回（2000 年）	IS 将棋	YSS	川端将棋
第 11 回（2001 年）	IS 将棋	金沢将棋	KCC 将棋
第 12 回（2002 年）	激指	IS 将棋	KCC 将棋
第 13 回（2003 年）	IS 将棋	YSS	激指
第 14 回（2004 年）	YSS	激指	IS 将棋
第 15 回（2005 年）	激指	KCC 将棋	IS 将棋
第 16 回（2006 年）	Bonanza	YSS	KCC 将棋
第 17 回（2007 年）	YSS	棚瀬将棋	激指
第 18 回（2008 年）	激指	棚瀬将棋	Bonanza
第 19 回（2009 年）	GPS 将棋	大槻将棋	文殊
第 20 回（2010 年）	激指	習甦	GPS 将棋
第 21 回（2011 年）	ボンクラーズ	Bonanza	習甦
第 22 回（2012 年）	GPS 将棋	Puella α	ツツカナ
第 23 回（2013 年）	Bonanza	ponanza	GPS 将棋
第 24 回（2014 年）	Apery	ponanza	YSS
第 25 回（2015 年）	ponanza	NineDayFever	AWAKE
第 26 回（2016 年）	ponanza	技巧	大将軍
第 27 回（2017 年）	elmo	Ponanza Chainer	技巧
第 28 回（2018 年）	Hefeweizen	PAL	Apery
第 29 回（2019 年）	やねうら王	Kristallweizen	狸王

当然その将棋でも，コンピュータ同士だけではなく人間とコンピュータの間での戦いが行われてきている．1968 年には，人間とコンピュータの間で「詰将棋」と呼ばれる，将棋をもとにしたパズルの早解き競争が行われていた．その後，2010 年 10 月に「あから 2010」というコンピュータが当時女流王将だった清水市代氏に勝利したのをきっかけに，将棋電王戦という，人間 vs. コンピュータの将棋大会が開催されることになった．2013 年 3 月から 4 月にかけて行われた第 2 回将棋電王戦では，プロ棋士 5 人と 5 種類の将棋ソフトによる五番勝負が行われた．3 月 30 日に行われた第 2 回戦は，プロ棋士の佐藤慎一四段と ponanza というソフトの戦いで，ponanza が勝利した．この対局が，公の場で現役のプロ棋士に初めてコンピュータが勝利した瞬間といわれている．ちなみに，1996 年に発行された『平成 8 年版 将棋年鑑』の中で，当時七冠王だった羽生善治氏は「コンピュータがプロ棋士を負かす日は？ 来るとしたらいつ？」という質問に「2015 年」と，ほぼ正解を答えている．羽生善治氏の先を読む能力は計り知れない．最終的にこの大会は，コンピュータが 3 勝 1 敗 1 分で勝ち越した．

一転して，2015 年に行われた「将棋電王戦 FINAL」という五番勝負では，プロ棋士が 3 勝 2 敗で勝ち越した．特に，2 勝 2 敗で迎えた最終局では，阿久津主税八段が AWAKE というソフトの弱点を突いての勝利となった．将棋はいわば人間側が用意した土台なので，当然コンピュータにとっては苦手な部分が山ほどある．この対局では，「その場ではすごく良い手に見えるけれど，実は十数手後にとても悪くなってしまう手」という，水平線効果とも呼ばれるコンピュータの弱点を阿久津主税氏が見事に突いた．

その後もコンピュータの改良は続けられ，2017 年 4 月から 5 月にかけて，ついに佐藤天彦名人と ponanza の二番勝負が行われた．結果，ponanza が 2 連勝を収めた．名人というのは，おおざっぱにいってその年の一番強かったプロ棋士に与えられる称号であり，見方によってはコンピュータの実力が人間を上回ったことになる．対局を行った佐藤天彦名人は対局後のインタビューで，「自分では思いつかない手を指され，結果的に差が出てしまった」と述べている．日本将棋連盟の佐藤康光会長も「ソフトの発想からも学び，将棋の深さをより追求していければと思う」と前向きである．

■ その他のゲーム

世の中にはチェスや将棋の他にも様々なゲームがある．表 1.2 は，いくつかの有名なゲームに対して，人 vs. コンピュータの戦いがどうなったかをまとめたものである．勝負の展開の数は，対戦する 2 人の打ち方によって現れうる未来の数の総数であり，この数が多ければ多いほど，複雑なゲームと考えることができる．

チェッカーは勝負の展開の数も 10^{30} と少ないため，1994 年の時点で，ゲームで起こりうるすべての未来を読み切る（完全解析という）ことで，絶対に負けることのないコンピュータが作られている．一方でオセロの勝負の展開の数は 10^{54} である．これは，例えばスーパーコンピュータを用いて毎秒 1 京個（$= 10^{16}$ 個）の盤面を調べたとしても，完全解析をするのに 10^{30} 年以上の時間がかかる計算になる（ちなみに地球が誕生してからまだ 10^{10} 年も経っていないとされている）．したがって，2020 年現在，まだオセロは完全解析されていない．しかし様々な工夫を用いて，1997 年の時点で世界チャンピオンに勝利している．

チェスで 1997 年に世界チャンピオンのガルリ・カスパロフ氏にコンピュータが勝利したこと，将棋で 2017 年に佐藤天彦名人にコンピュータが勝利したことは先ほど述べた通りである．チェスでの勝利から将棋での勝利までに 20 年の歳月が経過しているが，チェスと将棋の勝負の展開の数を表 1.2 で見比べると，将棋の方が 10^{100} 倍も複雑なゲームであることがわかる．

表 1.2 の一番下に記載した囲碁はさらに複雑で，その勝負の展開の数は 10^{320} と，将棋のさらに 10^{100} 倍近い複雑さである．それだけ聞くと，読者は「囲碁で強いコンピュータが生まれるのはさらに 20 年後……」なんて思うかもしれないが，驚くべきことに 2017 年に Google DeepMind によって開発されたコンピュータ AlphaGo が，当時中国囲碁棋士ランキングでトップだった柯潔氏との三番勝負で 3 連勝している．この AlphaGo は，深層学習 (deep learning) を使った**強化学習** (reinforcement learning) によって実装されている．この本でも触れるが，AlphaGo は過去のプロ同士の対局をもとに，強化学習によってそれを真似するように学習したり，あるいは自分自身と何度も何度も対戦したりすることでどんどん強くなる．

表 1.2 人 vs. コンピュータ

ゲーム名	勝負の展開の数（概数）	いつ	どうなったか
チェッカー	10^{30}	1994 年	絶対に負けないコンピュータ
オセロ	10^{54}	1997 年	世界チャンピオンに勝利
チェス	10^{123}	1997 年	世界チャンピオンに勝利
将棋	10^{219}	2017 年	名人に勝利
囲碁	10^{320}	2017 年	中国囲碁棋士ランキング 1 位に勝利

■ クイズ

少しゲームから離れてみよう．皆さんは「Jeopardy!」というクイズ番組を知っているだろうか．アメリカで 1964 年から続く長寿番組で，3 人で早押し形式のクイズ対戦を行う．一回の優勝賞金も数百万円という大規模の番組である．

2011 年 2 月に，このクイズ番組 Jeopardy! で，大きな大会があった．この大会に出場した 3 人のうち一人は過去に 74 回連続優勝をした Ken Jennings 氏．もう一人は，最高獲得賞金者の Brad Rutter 氏．残るもう一人は，なんとワトソンであった．

ワトソンについておさらいしよう．先ほど医療診断の例を出した際に，IBM によって作られたワトソンと呼ばれる質問応答システムを紹介したが，実はこのシステムは，元々クイズに答えることを目指して作られたものだった．ワトソンは IBM の研究者グループが 4 年かけて開発した質問応答システムで，1 秒間に 80 兆回の演算が可能である．そして，百科事典から映画の台本まで，2 億ページ相当の本の知識をもっており，1 秒間に 500 GB のアクセスが可能である．

Jeopardy! の大会でワトソンは，番組の司会者が問題文を読み上げるのと同時に問題文を電気的に受け取る．問題文を受け取ると，早押しクイズのほんの 3 秒の間に，ワトソンは 1 つの問題文に対して数千もの解答の候補を挙げた上で，無数の処理や計算を同時に行い，そのうちのいくつかを選び出す．そして，そのそれぞれの候補に対して自信の度合いを計算して，その自信の度合いが一定の値を超えたら早押しボタンを押す．これがワトソンのすごいところで，ワトソンは「自分が何を知っているのか」を知っているだけでなく，「自分が何を知らないのか」も知っているのである．

ワトソンは自分が知識をもっている雑学や歴史の問題のみならず，なぞなぞのような少しトリッキーなクイズにすら正答することがある．最終的にこの大会は，ワトソンが他の二人に2倍以上の差をつけて圧勝した．

1.1.4 教師あり学習・教師なし学習・強化学習

機械学習には大きく分けて，**教師あり学習** (supervised learning)・**教師なし学習** (unsupervised learning)・**強化学習** (reinforcement learning) の3つがある．この本の第I部，第II部，第III部では，そのそれぞれに対して順に解説を行っていく．

第I部では教師あり学習を扱う．教師あり学習では，学習するデータに正解となる情報が含まれている．教師あり学習では，例えば「これはリンゴの画像です」「これはミカンの画像です」という情報とともにたくさんの画像が与えられ，そのデータをもとに学習を行い，正解が隠されている（つまり，リンゴなのかミカンなのかがわかっていない）新しい画像が与えられた際に，その画像がリンゴなのか，あるいはミカンなのかを判別したり，リンゴである可能性を計算したりする．

第II部では教師なし学習を扱う．教師なし学習は教師あり学習とは異なり，学習するデータに正解となる情報は含まれていない．リンゴの画像やミカンの画像が，どちらの画像なのかという正解の情報なしに与えられることになる．教師なし学習ではそのデータから，似ている2つのグループに画像を分けたり，紛れ込んだナスの画像を検出したりする．

第III部では強化学習を扱う．強化学習は，現在の「状態」から次にとるべき「行動」を推測するための学習である．対戦ゲームを行うコンピュータなどで使われることも多く，勝ったら100点．負けたら0点というように「報酬」を設けることで，その行動が正解であったのかどうかを学習していく．強化学習は教師あり学習に含まれることもあるが，次の理由から，教師あり学習とは別に扱われることがほとんどである．教師あり学習では，データに正解の情報が含まれているため，データに対する正解がすぐにわかる．一方で強化学習では，行動をしてから報酬が得られるまでの間に時差がある．つまり，ゲームの場合を例にすると，ある行動が正しい行動だったかどうかがわかるのは勝敗が決まった後になる．具体的には，将棋で相手に強い駒がとられてしまうとか，囲碁で相手が広い陣地を得てしまうとか，その瞬間では悪そうに思える行動が，最終的には勝利につながっていたりすることがある．この「あえていま損することで，あとで大きく得をする」という点も考慮に入れなければいけない，というのが強化学習の大きな特徴の一つである．

1.2 アルゴリズムとは

1.2.1 身の回りのアルゴリズム

前節で，「アルゴリズム」という言葉が出てきた．実際のところアルゴリズムとは何者なのか．例えば先ほど紹介したAlphaGoは，入力として現在の盤面が与えられると，出力として次の1手を返す．また，ワトソンは，入力としてクイズの問題文が与えられると，出力としてクイズの解答を返す．では，問題文からどうやって解答を導き出しているのだろうか．この「どうやって」を決めているのが**アルゴリズム** (algorithm) である．

アルゴリズムには，問題文（入力）から解答（出力）を得る手順が記されている．「この単語が含まれるなら……」とか「自身の度合いの計算方法は……」といった様々な手順が含まれている．もしアルゴリズムがなかったらどうなるかというと，コンピュータは何をしてよいかわからず，何もできなくなってしまう．

ワトソンはコンピュータとアルゴリズムが合わさって，初めてワトソンとして活躍することができる．もちろんこれはワトソンに限ったことではない．Web検索では，数十億といわれる世界中のWebサイトの中から，入力したキーワードに関連するものを関連度の高い順にリスト化して出力する．どうやってキーワードとの関連を調べ，どうやってリストの順番を決めているのだろうか．これも，Web検索サービスを提供している会社のコンピュータと，その動作を記したアルゴリズムによって計算されている．

カーナビをはじめとする経路案内も同じである．現在の場所と目的の場所が入力として与えられた際に，効率の良い経路を出力する，その計算の手順がアルゴリズムである．このように，機械が「自動」で動くとき，そこに「アルゴリズム」がある．逆に「アルゴリズム」がないと，コンピュータは何もできない．

1.2.2 アルゴリズムによる出力の違い

アルゴリズムが変われば，当然出力される答えも変わる．先ほど紹介したコンピュータ将棋選手権は30年以上続いている将棋ソフトの大会であるが，優勝ソフトはその年によって異なる（表1.1をもう一度見てみよう）．将棋ソフトの強さがそれぞれ違うのはなぜだろうか．この大会では使用するコンピュータ自体も参加者が用意する必要があり，マシンパワーが違うというのは当然であるが，将棋ソフトの強さにはそれ以上にアルゴリズムの違いがかかわっている．特に，2013年の第23回大会では，保木邦仁氏の作成したBonanzaというソフトが参加した．他参加者の高性能パソコンに囲まれて，Bonanzaはノートパソコン＋USB扇風機という状態で参加し，見事優勝している．アルゴリズムの大切さが見えてきたのではないだろうか．

チェスや将棋では，アルゴリズムはアルゴリズムの考えうる最も良い一手を返すが，基本的に動かし方がルールに則っていればどのような手を返しても問題ない．一方でアルゴリズムには，正しい出力が求められることがほとんどである．クイズに答える場合には正解を答えなければならない．もっと基本的なことでいうと，例えば「この5つの数字を小さい順に並べ替えてください」という問題に対して入力された5つの数字は，アルゴリズムによって正しく小さい順に並べ替えられなければならず，その唯一の答え以外を返すアルゴリズムはすべて間違ったアルゴリズムということになる．

パソコンの文章入力システムが漢字変換を間違えることもある．その場合は，人間が正しい答えに直してやればよい．しかし，もし銀行のシステムがお金の計算を間違えたなら？ もし車の自動運転システムがハンドルを切る方向を間違えたなら？ 間違ったアルゴリズムによる事故は現実に起こっており，社会に大きな影響を与えることもある．

1.2.3　アルゴリズムの計算時間

機械学習の発展の裏では，コンピュータやアルゴリズムの発展があった．「コンピュータの性能が 18 カ月で 2 倍になる」というムーアの法則は有名だが，もちろんコンピュータだけでなく，アルゴリズムも日々性能が上がっている．ドイツの数学者 Martin Grötschel 氏は 2010 年に，「1988 年から 2003 年までの 15 年のうちにコンピュータの計算能力は 4300 万倍になったが，そのうち 1000 倍がコンピュータ自身によるもので，43000 倍はアルゴリズムの進歩によるものである」と見積もっている．

さて，一言に「アルゴリズムの性能」と書いたが，その性能はどのように測ればよいだろうか．アルゴリズムの性能は，答えを求めるのにかかる時間で測る．本項では，アルゴリズムの効率に大きく関係のある，計算時間について扱う．

アルゴリズムが異なれば，当然計算時間が変わる．例として，ある学校の 15 人のクラスで，先生が 15 人の生徒 $\{a, b, c, \ldots, n, o\}$ 全員に運動会中止の連絡をする場合を考える．図 1.1，図 1.2 を見てみよう．図 1.1 のアルゴリズム A では，先生が a さんに連絡をした後，連絡を受けた a さんが b さんに，といった具合に順番に情報を伝達していく．この方法だと，1 回の連絡に 1 分かかるとして，全員に情報が伝わるまでに 15 分かかる．次に図 1.2 のアルゴリ

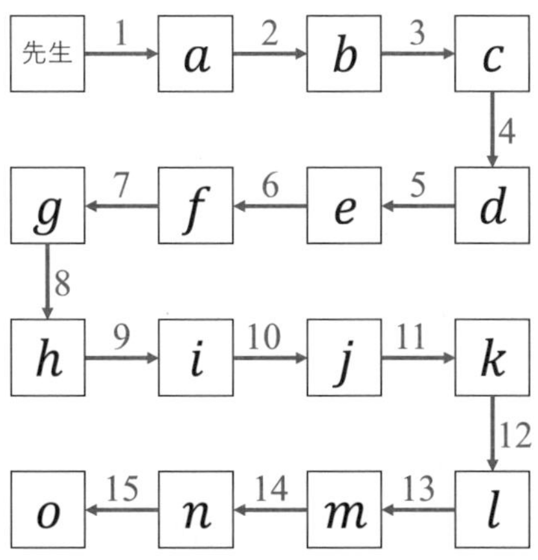

図 1.1　15 人に連絡を回すアルゴリズム A

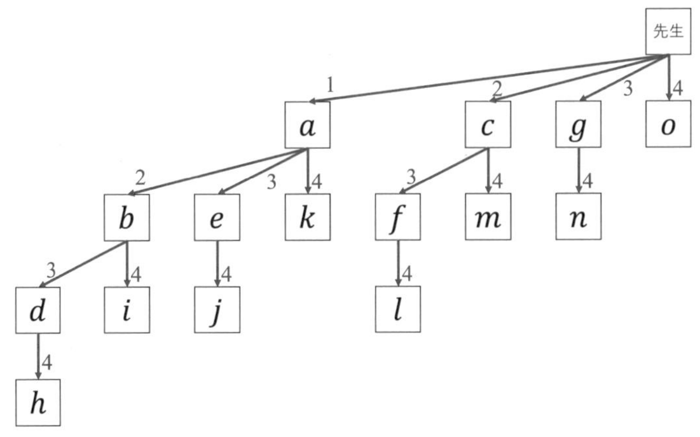

図1.2 15人に連絡を回すアルゴリズムB

ズムBを見てみよう．最初に先生が a さんに連絡をするところまでは一緒だが，こちらのアルゴリズムでは次に a さんと先生が同時に b さんと c さんに連絡をする．次の時間では，情報を既にもっている4人が同時にそれぞれ別の人に連絡をしていく．このような方法をとると，全員に情報が伝わるまでに4分かかる．

15分と4分では，そこまで大きな違いではないように感じるかもしれない．今回は15人のクラスだったために10分程度の差で済んだが，ここで仮に1億人で情報を共有したい場合を考えてみよう．アルゴリズムAでは全部で1億回の連絡が必要になり，1億分，つまり190年以上の時間がかかってしまう．一方でアルゴリズムBを使えば，たった30分で全員に連絡が回る．190年と30分，思ったより大きな違いがあったのではないだろうか．アルゴリズムのちょっとした違いで，計算が終わるまでの時間に大きな差が出てくる．運動会の中止の連絡が190年後に伝わっても困るだろう．

効率の良いアルゴリズムは，高速に動作するアルゴリズムだということがわかった．では，どんなアルゴリズムであれば，高速なアルゴリズムといえるだろうか．「平野くんの作ったアルゴリズムはすごく速いです」「山崎さんの作ったアルゴリズムは超速いです」「河田くんの作ったアルゴリズムはとても速いです」「中井さんの作ったアルゴリズムはとびっきり速いです」なんていわれても，どのアルゴリズムが一番速いかはわからない．当然何かの指標が必要になる．

実際にストップウォッチ等で計算時間を測るのはどうだろうか．しかしアルゴリズムの実行時間は使うコンピュータによって変わるため，これもあまり良い指標とはいえない．「平野くんのアルゴリズムをスーパーコンピュータで動かしたら 5 秒かかった」「山崎さんのアルゴリズムをスマートフォンで動かしたら 5 分かかった」といわれても，どちらの方が良いアルゴリズムかを調べることはできないだろう．結論からいうと，アルゴリズムの計算時間は実際にかかった時間ではなく，ステップ数で比べることが多い．

先ほどの連絡を回す問題を例に，1 回の連絡を 1 ステップとして考えてみよう．ここで，アルゴリズムのステップ数は，入力の大きさに依存することが多いことに注意しよう．つまり，「アルゴリズム A は 15 人に連絡するのに 15 分かかるのに対し，アルゴリズム B が 1 億人に連絡するのに 30 分かかるので，アルゴリズム A の方が高速である」ということにはならない．同じ条件で比べるために，入力の大きさ，すなわち連絡したい人数を n とおいて考えよう．すると，アルゴリズム A では，n 人に連絡するのに n ステップかかる．一方で，アルゴリズム B では，おおむね $\log_2 n$ ステップで連絡が回る．このように計算することで，アルゴリズムの効率を比べることができるのである．

1.2.4 ソートアルゴリズム

この項では，もう少し実践的な問題である，ソート問題を例に計算時間について見ていこう．**ソート問題**とは，与えられた数字の列を小さい順に並び替える問題である．せっかくなので，もう少し厳密にソート問題を定義しよう．問題は，与えられる入力と，答えるべき出力の 2 つによって定義できる．

入力 n 個の数字からなる列 $\langle a_1, a_2, \ldots, a_n \rangle$.

出力 入力を並び替えた数字の列 $\langle a'_1, a'_2, \ldots, a'_n \rangle$,
ただし，$a'_1 \leq a'_2 \leq \cdots \leq a'_n$.

アルゴリズムは，入力が与えられたときに出力を返すものだった．例えば入力として $\langle 5, 3, 2, 8, 4 \rangle$ が与えられた場合，ソートアルゴリズムは $\langle 2, 3, 4, 5, 8 \rangle$

を出力として返す．

ソート問題は機械学習に限らず，コンピュータが行う最も基本的な作業の一つである．そのため，様々な種類のソートアルゴリズムが考案されてきた．ここでは，その中でも**選択ソート** (selection sort) と呼ばれるソートアルゴリズムを紹介し，計算時間を実際に見積もってみよう．

選択ソートは次のように実行される．

(1) 一番小さい数字を見つけ，一番左に移動させる．
(2) 残りの数字の中で一番小さい数字を見つけ，左から 2 番目に移動させる．
(3) 残りの数字の中で一番小さい数字を見つけ，左から 3 番目に移動させる．
(4) これを最後まで繰り返す．

図 1.3 も適宜参照しながら具体的な動作を見てみよう．先ほどの入力例 $\langle 5, 3, 2, 8, 4\rangle$ が与えられた場合を考える．最初に，一番小さい数字 2 を一番左の 5 と交換して $\langle 2, 3, 5, 8, 4\rangle$ とする．次に，既にソートの完了している 2 を除く数字の中で一番小さい数字 3 に着目するが，既に左から 2 番目に配置されているため，ここでは交換は行わない．その次は，まだソートが完了していない数字の中で一番小さい数字 4 を，左から 3 番目の 5 と交換して $\langle 2, 3, 4, 8, 5\rangle$ とする．これを最後まで繰り返すことで，小さい順に並び替えた $\langle 2, 3, 4, 5, 8\rangle$ が得られる．

さて，いま紹介した選択ソートの計算時間はどれほどだろうか．先ほどの連絡を回す例では，1 回の連絡を 1 ステップとしていたが，ここでソートアルゴリズムの計算時間を見積もる際には，1 回の「比較」を 1 ステップとする．n 個の数字の中から最も小さい数字を見つけるには，$n-1$ 回の比較が必要になる．$\langle 5, 3, 2, 8, 4\rangle$ の中から一番小さい数字を見つけなさいといわれたとき，人間であればざっと全体を見渡して「2」と答えられるかもしれないが，コンピュータではそうはいかない．コンピュータでは，

(1) 5 と 3 を比較して，3 の方が小さいから 3 を仮の答えと記憶．
(2) 仮の答え 3 と次の数字 2 を比較して，小さい 2 を新たな仮の答えと記憶．
(3) 仮の答え 2 と次の数字 8 を比較して，2 の方が小さいため，仮の答えは 2

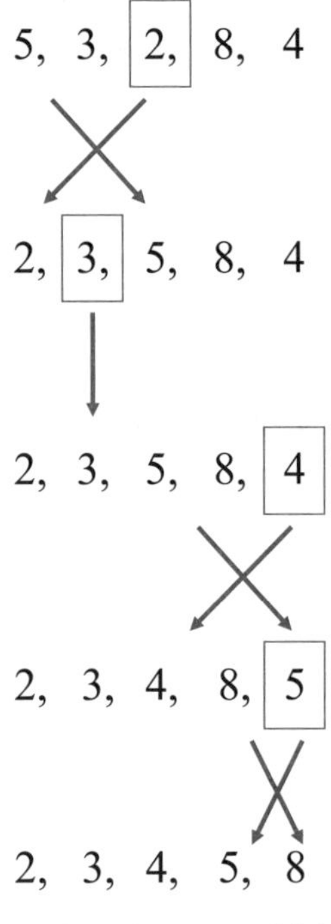

図 1.3　選択ソートの動作例

のまま．

(4) 仮の答え 2 と次の数字 4 を比較して，2 の方が小さいため，仮の答えは 2 のまま．

という過程を経て初めて 2 が一番小さいということが計算できる．n 個のジャガイモの中で最も軽いジャガイモを，左右に 1 つずつしかジャガイモを乗せられない天秤を使って見つけるときに，何回天秤を使えばよいか，というのと同じである．

選択ソートはこの作業を全体がそろうまで繰り返す．n 個の数字からなる列が与えられた場合，n 個の数字の中で一番小さいものを探す，残った $n-1$ 個の数字の中で一番小さいものを探す，残った $n-2$ 個の……と繰り返していく．すると，選択ソートが終わるまでに比較した回数は次の式で求められる．

$$(n-1)+(n-2)+\cdots+0=\frac{n(n-1)}{2}$$

1.2.5　計算時間の比較

前項では，選択ソートアルゴリズムを使って数字の列をソートする際に必要な比較の回数を求めることができた．アルゴリズムの計算時間は問題の大きさ，ソート問題でいうと数字の個数 n によって変わるため，計算時間も n に依存する形で求めることで，異なるアルゴリズム同士の性能の比較を可能にしている．

ここまでの説明で，n の大きさによって性能の良し悪しが変わることに気づいた読者もいるかもしれない．次のような 2 つのアルゴリズム A とアルゴリズム B を考えてみる．アルゴリズム A はある問題を解くのに $500n+2$ ステップかかる．一方，アルゴリズム B は同じ問題を解くのに n^3 ステップかかる．さて，この 2 つのアルゴリズム，どちらがより性能の良いアルゴリズムといえるだろうか．実際に n の値を代入してみると，表 1.3 のようになる．

n が 1 のとき，2 のとき，3 のときと見ていくと，アルゴリズム B の方が圧倒的に少ないステップ数で動作することがわかる．しかし，コンピュータが本当に役立つのは，人間の手には負えないくらい大きな入力が与えられたときのはずである．表 1.3 の後半では，n に大きな値を代入している．すると，ある

表 1.3　2 つのアルゴリズムの実行時間の比較．アルゴリズム A は $500n+2$ ステップ，アルゴリズム B は n^3 ステップかかる．

n	アルゴリズム A	アルゴリズム B
1	502 ステップ	1 ステップ
2	1002 ステップ	8 ステップ
3	1502 ステップ	27 ステップ
⋯	⋯	⋯
10	5002 ステップ	1000 ステップ
100	50002 ステップ	1000000 ステップ
1000	500002 ステップ	1000000000 ステップ
10000	5000002 ステップ	1000000000000 ステップ

ところで実行時間は逆転し，アルゴリズム A の方が圧倒的に少ないステップ数になっていく．

このように，アルゴリズムの計算時間を比較する上では，ステップ数がどれだけ速く発散していくかが重要になってくる．そこで使われる手法の一つが，次項で紹介するオーダ記法である．

1.2.6 オーダ記法

オーダ記法 (O-notation) は，関数の値の発散の速さを漸近的に評価するもので，定数倍や発散の遅い部分を無視するというのが基本的な考え方である．例えば $500n + 2$ は，定数倍の 500 の部分と，発散の遅い 2 の部分を無視して $O(n)$ と表記できる．これは「オーダ n」と読む．他にも，$80n$，$n + \pi e$，$\sqrt{34}n$ などは，すべて $O(n)$ と表記できる．

n^3 はもちろん $O(n^3)$ だが，$40000n^3$，$2n^3+9n^2$，$n^3+99999999n$ もすべて $O(n^3)$ である．n^3 と $99999999n$ では，後者もそれなりに大きな値になるのではないかと考える読者もいるかもしれないが，n が十分に大きくなるにつれ，最終的に n^3 の部分が発散の速さに大きく影響してくる．

本書では細かい定義を行うことはしないが，$O(n)$ というのは，n が 10 倍になれば 10 倍になるという増え方であり，$O(n^3)$ というのは，n が 10 倍になれば 10^3 倍になるという増え方であるということを頭の隅に入れておいてほしい．

また，先ほど紹介した選択ソートは，$O(n^2)$ 回の比較でソートが完了するということができる．ちなみにソート問題は，後ほど紹介する方法を使うことで $O(n^2)$ よりも格段に少ない，$O(n \log n)$ 回の比較で完了するアルゴリズムを作ることができる．

1.2.7 基本的なアルゴリズム

本項では，いくつかの有名なアルゴリズムの基本的な手法について，具体例を用いながら紹介する．

■ 貪欲法

貪欲法 (greedy algorithm) とは，その場その場で一番得する選択を繰り返していくことで最適解を得る，欲張りなアルゴリズムである．貪欲法は一番得する場合についてのみ検討すればよいため，非常に高速に動作する．もちろん問題によっては「あえていま損する選択をすることで，あとで大きな得をする」といったことが起こるものもあるため，すべての問題に対して使える手法ではない．

それでは，次のような問題を考えてみよう．

問題 ある国は，海で隔たれた n 個の島で構成されている．いまのところ，どの島からどの島へ移動するのにも，船を利用するしかない．それでは少し不便なので，島と島の間に橋を建設することにした．いろいろなところに橋を架けることが可能だが，当然それぞれ異なるコストがかかる．また，予算には限りがあり，なるべくコストをかけたくない．最もコストを抑えて，n 個すべての島を歩いて行き来できるようにするにはどこに橋を架ければよいだろうか．

入力 島の個数 n と，橋の建設候補の情報（どの島同士の間にどれくらいのコストで建設できるか）．

出力 建設する橋のリスト．ただし，n 個すべての島を歩いて行き来できる架け方のうち，コストの合計が最小のもの．

実はこの問題は，「最小全域木問題」と呼ばれる有名な問題を，現実的な状況で表現したものである．そしてこの問題は，貪欲法で解けることが知られている．それでは次のようなアルゴリズムを考えてみよう．

(1) まだ行き来できない島同士の間に建てられる橋のうち，最もコストの小さい橋を 1 つ建設する．

(2) すべての島同士を行き来できるようになっていたら終了．そうでなければ (1) を繰り返す．

今回も具体例を見ていこう．図 1.4(a) は，この問題の例である．4 つの島 a，b，c，d があり，橋の建設候補が点線で，コストが数字でそれぞれ表され

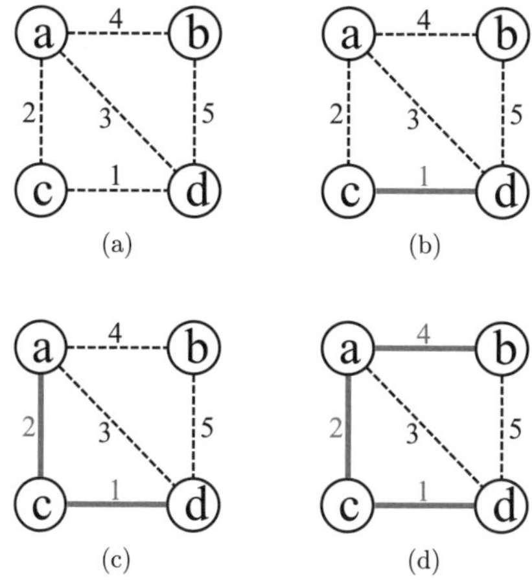

図 1.4 最小全域木問題の例と貪欲法の動作例

ている．アルゴリズムは，最もコストの小さい橋から優先的に建てていく．この場合では，島 c と島 d の間にコスト 1 の橋を建てる（図 1.4(b)）．次に，島 a と島 c の間にコスト 2 の橋を建てる（図 1.4(c)）．ここで，次にコストの小さい橋は島 a と島 d の間のコスト 3 の橋であるが，島 a と島 d は既に島 c を経由して歩いて行き来することができるため建てる必要がないことに注意しよう．アルゴリズムに従って，まだ行き来することのできない島同士の間に建てられる橋のうち，最もコストが小さいもの，すなわち，島 a と島 b の間にコスト 4 の橋を建設する（図 1.4(d)）．これによって，すべての島同士を行き来できるようになったため，アルゴリズムは終了する．

貪欲法は他にも，「日本円で，ある金額を支払う際の硬貨の最小枚数は？」といった問題にも使用できる．例えば 777 円を支払いたい場合には，まず 500 円玉を使えるだけ使い，残りの 277 円に対して 100 円玉を使えるだけ使い……と繰り返していくことで，最小の枚数で 777 円を支払うことができる．

一方で，これは「日本円」という特殊な例だから貪欲法を使えただけであるということに注意しなければならない．ある国には「1 円玉，5 円玉，7 円玉」しかなかったとしよう．この国で 10 円を支払うときに，先ほどの貪欲法を使用すると，7 円玉 1 枚と，1 円玉 3 枚の合計 4 枚の硬貨が必要と求まるが，実際には5円玉2枚というのが最小の枚数になる．このように，あえて7円玉を使わないことでもっと良い答えが見つかる場合には貪欲法を使えないため，もう少し工夫が必要になる．

■ 動的計画法

動的計画法 (dynamic programming) は，次のようなアイデアで動作するアルゴリズムである．

(1) 小さいサイズの問題に対して答えを求める．
(2) その答えを使って全体の答えを求める．

動的計画法を用いることで，先ほど紹介した貪欲法がうまく動かない問題に対しても，きちんと答えを求めてくれるアルゴリズムを作れることがある．実は，先ほど貪欲法で求めることのできなかった最小の硬貨の枚数に関する問題も，動的計画法により求めることができる．まずは問題をきちんと定義してみよう．

問題 ある国では「1円玉，5円玉，7円玉」の3種類の硬貨が発行されている．
入力 支払いたい金額 k 円．
出力 k 円を支払うための硬貨の最小枚数 $f(k)$．

この問題を動的計画法を用いて解くということは，k が小さい場合に対して答えを求めてから，その答えを使って本当に求めたい答えを求めるということになる．それでは早速，k が小さい場合から順番に問題を解いていくことで，$k = 10$ の場合まで求めてみよう．表1.4も適宜参照しよう．

まず $k = 0$ の場合を考える．明らかに，0円を支払うのに必要な硬貨の枚数は0枚である．

次に $k = 1$ の場合を考える．1円を支払うというのは，「0円支払っている」という状態から，1円玉を追加することで可能となる．少し回りくどい言い方だが，この考え方が後々重要になってくる．0円を支払うのに必要な最小の枚数は0枚だったので，それに1枚追加して，1円を支払うのに必要な最小の枚数は1枚とわかる．

表 1.4 動的計画法の動作例

k（円）	最小枚数 $f(k)$
0	0
1	1
2	2
3	3
4	4
5	1
6	2
7	1
8	2
9	3
10	2

$k = 2, 3, 4$ の場合も同様である．1 円玉を 1 枚追加することで目的を達成できる．

では，$k = 5$ の場合はどうだろう．5 円は，「4 円支払っている状態に 1 円玉を追加」することでも達成できるが，「0 円支払っている状態に 5 円玉を追加」することでも達成できる．今回求めたいのは最小の枚数なので，それら 2 つのパターンを比較して，より枚数の少ない方を採用するとよさそうである．前者は 4 枚に 1 枚追加して 5 枚，後者は 0 枚に 1 枚追加して 1 枚なので，後者の 0 円に 5 円玉を追加した 1 枚が最小の枚数になる．

最後に，同様にして $k = 9$ の場合まで求まったとして，$k = 10$ の場合を考えよう．10 円を支払うには，「9 円支払っている状態に 1 円玉を追加」「5 円支払っている状態に 5 円玉を追加」「3 円支払っている状態に 7 円玉を追加」という 3 つのパターンが考えられる．その中で最も枚数が少なくなるのは，2 番目の例で 2 枚と求まる．

この計算をきちんと式で表すと次のようになる．

$$f(k) = \min(f(k-1) + 1, f(k-5) + 1, f(k-7) + 1)$$

ここで「min」というのは，一番小さいものを選ぶ関数で，min 関数の中身がそれぞれ1円玉，5円玉，7円玉を追加する場合に対応している．この式を k が小さい場合から順番に計算していくことで，目的の金額を支払うのに必要な硬貨の最小枚数を求めることができる．

■ 分割統治法

分割統治法 (divide-and-conquer) は，次のようなアイデアで動作するアルゴリズムである．

(1) **分割** 大きいサイズの問題を小さいサイズの問題に分ける．
(2) **統治** 小さいサイズの問題をそれぞれ解く．
(3) **合成** 小さいサイズの問題の解を利用して全体の解を求める．

先ほど扱った動的計画法と似ていると感じた人もいるかもしれない．動的計画法も分割統治法も，「小さい問題は解きやすい」という性質をうまく使った方法であるという点では同じだが，動的計画法が，小さい場合から順番に解くというボトムアップ型のアプローチであるのに対して，分割統治法は，解きたい問題を分割して，それらの問題をそれぞれ先に解くというトップダウン型のアプローチになっている．

分割統治法を使用した有名なアルゴリズムに，**マージソート** (merge sort) と呼ばれるソートアルゴリズムがある．これは，n 個の数からなる列を小さい順に並べる際に，その数列の左半分と右半分がそれぞれ既に小さい順に並んでいた場合，$O(n)$ 回の比較で全体を小さい順に並び替えることができるという性質を利用したアルゴリズムである．1.2.4 項で扱った選択ソートでは全体をソートするのに $O(n^2)$ 回の比較が必要だったのに対して，マージソートではたった $O(n \log n)$ 回の比較でソートが完了することが知られている．

■ ϵ 貪欲法

ここまで紹介してきたアルゴリズムの手法は，すべて最適な解を求めるためのものだった．一方で，機械学習ではあえて最適ではない解を求めたくなる状況が多々ある．例えば，貪欲法の説明時に扱った，島の間に橋を架ける問題を思い出してみよう．先ほどは，橋の建設費用が与えられていたため，最適な建設計画を求めることができたが，現実世界では，その建設費用はあくまで目安で，実際にかかる費用とは限らない場合がある．もちろん目安なのである程度は信用できる値であるものの，貪欲法で求めた解が最適とはいえなくなってしまう．そのような場合には，目安から求めた解の他に，いくつかそれらしい解がほしくなる．そのようなときに活躍するのが **ϵ 貪欲法** (ϵ-greedy) である．

ϵ 貪欲法の ϵ には，0〜1 の間の数が入る．ϵ 貪欲法の動作は貪欲法と似ているが，貪欲法では毎回その場で最も得する行動を起こしていたのに対して，ϵ 貪欲法では，$1-\epsilon$ の確率で貪欲法同様その場で最も得する行動を，ϵ の確率で損得は考えずにランダムに行動を起こす．橋の建設に当てはめると，以下のようになる．

(1) $1-\epsilon$ の確率で，まだ行き来できない島同士の間に建てられる橋のうち，最もコストの小さい橋を 1 つ建設する．

(1′) ϵ の確率で，まだ行き来できない島同士の間に建てられる橋のうち，ランダムに 1 つ建設する．

(2) すべての島同士を行き来できるようになっていたら終了．そうでなければ (1) もしくは (1′) を繰り返す．

この ϵ 貪欲法は，機械学習の中でも特に強化学習でよく用いられている．学習の過程では，実際にコンピュータが様々な選択を行い，その選択がどれくらい良かったかを評価する．その選択に単に貪欲法を用いると，現状で一番良いと判断している行動しかとらないため，様々な状況に対しての評価を行うことができない．そこで，この ϵ 貪欲法を用いることで，現状で一番良いと判断している行動を主軸に，それ以外の行動も一定の割合で評価できるようになる．

演習問題

1.1 2 つの整数 a と b が入力として与えられた際に，a と b の最大公約数を出力する問題を考えよう．この問題を解くアルゴリズムを考え，そのアルゴリズムのステップ数を計算しなさい．ステップ数は，アルゴリズムが終了するまでに行う四則演算の回数と考えてよい．

1.2 次のような問題を考えよう．n 種類の液体 $\{1,2,\ldots,n\}$ がある．それぞれの液体 i は w_i リットルあり，w_i リットルあたりの価値は v_i である．これらの液体から好きな液体を好きなだけ容器に入れて，容器内の液体の価値を最大化したい．容器には W リットルまでしか入らず，液体は混ぜてもその価値は変わらない．例えば，20 リットルあたりの価値が 100 の液体を 10 リットル選んだ場合，その価値は

$$100 \times \frac{10}{20} = 50$$

となる．この問題を解く効率の良いアルゴリズムを与えなさい．

1.3 n 個の整数からなる集合 $A = \{a_1, a_2, \ldots, a_n\}$ が与えられたときに，合計が 100 を超えずなるべく大きくなるように，A からいくつかの整数を選びたい．この問題を解く効率の良いアルゴリズムを与えなさい．

1.4 n 桁の整数と m 桁の整数が入力として与えられた際に，$n \times m$ を出力する問題を考える．「足し算」と「1 桁同士の掛け算」の四則演算以外はできないコンピュータでこの問題を解く効率の良いアルゴリズムを与えなさい．

第 I 部

教師あり学習

第2章

分類

2.1 まずはやってみよう

表 2.1 は，2019 年 9 月の仙台市の最低気温，最高気温，正午の天気の表である．ただし，13〜17 日の天気の情報は記入されていない．この表の情報から，13〜17 日が「雨」か，「雨以外」かを予測してみよう．なぜそのように予測したのかも含めて，じっくりと考えてみてほしい．

皆さんはどのような予想をしただろうか．データの内容を理解するには，まず見える形に変えることが重要である．図 2.1 は，横軸を最低気温 x，縦軸を最高気温 y として，晴れと曇りの日のデータをマル，雨の日のデータをバツ，そして 13〜17 日の未知のデータを三角でプロットしたものである．マルとバツのプロットされた場所を見比べると，どうやら 2 つをきれいに分ける直線が引けそうである．実際に $y = 0.88x + 6.5$ の直線を引いてみると，マルとバツはきれいに分けることができる．つまり，既に天気のわかっている 25 日分のデータに関しては，最低気温を x，最高気温を y とすると，$y > 0.88x + 6.5$ なら晴れか曇りになり，$y < 0.88x + 6.5$ だと雨になっていることがわかる．このような線のことを**決定境界** (decision boundary) と呼ぶ．

では，この法則が未知のデータにも当てはまると仮定して，13〜17 日の天気を予測してみよう．図 2.1 の 5 つの三角がそれらに対応するデータである．先ほど引いた直線（決定境界）の左上にあれば晴れか曇り，右下にあれば雨な

表 2.1 仙台市の気温と天気（2019 年 9 月）

	最低気温（℃）	最高気温（℃）	お昼 12 時の天気
1 日	21.3	31.3	曇り
2 日	20.8	23.8	雨
3 日	20.6	24.6	雨
4 日	19.1	26.7	曇り
5 日	21.0	25.4	曇り
6 日	21.6	30.3	晴れ
7 日	23.4	29.9	曇り
8 日	24.0	31.8	晴れ
9 日	25.1	27.9	雨
10 日	23.1	33.9	晴れ
11 日	23.9	24.4	雨
12 日	20.0	26.4	晴れ
13 日	15.7	24.5	?
14 日	17.5	25.1	?
15 日	19.8	27.9	?
16 日	20.9	23.3	?
17 日	21.0	29.4	?
18 日	18.7	23.0	曇り
19 日	17.9	23.8	晴れ
20 日	16.0	25.0	曇り
21 日	15.8	22.4	曇り
22 日	18.2	20.9	雨
23 日	17.3	21.7	雨
24 日	19.5	28.4	晴れ
25 日	17.4	26.1	晴れ
26 日	14.3	24.3	曇り
27 日	14.1	25.3	晴れ
28 日	15.3	26.3	曇り
29 日	18.8	27.7	晴れ
30 日	17.6	29.2	晴れ

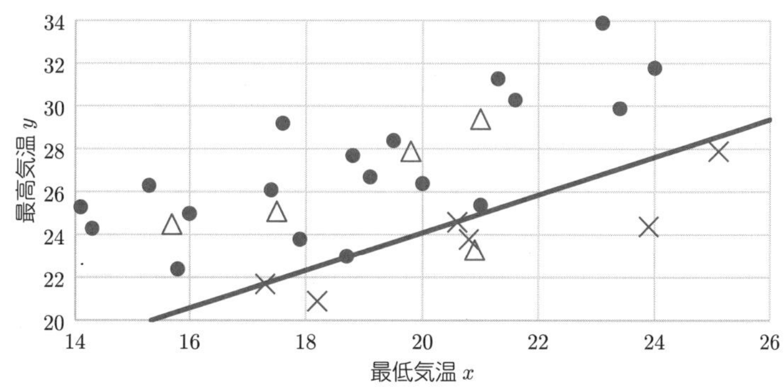

図 2.1 表 2.1 について最低気温を横軸 x，最高気温を縦軸 y としてプロットしたもの．マルとバツは $y = 0.88x + 6.5$ の直線によってきれいに分けることができる．

ので，16 日だけが雨となり，それ以外の 13 日，14 日，15 日，17 日は晴れか曇りと予測することができる．実際，13〜17 日の天気はそれぞれ曇り，曇り，晴れ，雨，晴れであり，正しく予測できていることになる．

2.2 分類分析とは

分類分析 (classification analysis) は，機械学習の一種である．機械学習は大きく分けて，教師あり学習・教師なし学習・強化学習の 3 つがあると先述したが，この章で扱う分類は教師あり学習の一つである．

教師あり学習 (supervised learning) では，データと「既知の答え」の対応関係を学習し，データから「未知の答え」を推測する．このとき，その推測のもととなるデータを**説明変数** (explanatory variable)，推測する値のことを**目的変数** (object variable) と呼ぶ．先ほどの例では，「最低気温」や「最高気温」といった既知の天気が説明変数にあたり，予測する未知の天気が目的変数にあたる．

分類は社会の様々なところで活躍している．正常なものと異常なものとの分類は，製造工場の不良品確認や，クレジットカードの不正利用，さらには健康診断の発症予測など，様々な場面での異常検知に利用されている．他にも手書き文字の認識では，認識したい文字に対してどの文字であるかを予測するし，株取引では，買うべきか買わないべきか，売るべきか売らないべきかを予測する．

分類は大きく**2クラス分類** (binary classification) と**多クラス分類** (multi-class classification) の2つに分けられる．2クラス分類では，与えられたデータが2種類の答えのどちらに属するのかを予測する．「明日の天気が雨か，雨以外か」「製品が正常か，異常か」といった分類が2クラス分類である．一方で多クラス分類では，与えられたデータが3種類以上の答えのどれに属するのかを予測する．「明日の天気が晴れか，曇りか，雨か」「手書きの文字が『あ』か，『い』か，『う』か，……」といったような分類が多クラス分類にあたる．言い換えると，目的変数のとりうる値が2つのものが2クラス分類，3つ以上のものが多クラス分類となる．

本書では，2クラス分類を中心に扱う．もちろん，多クラス分類に対しても様々な手法が存在するが，2クラス分類さえ身につければ，例えば「晴れか，曇りか，雨か」を多クラス分類したい場合，まず「雨か，雨以外か」で2クラス分類した上で，「雨以外」と分類されたデータに対してもう一度，今度は「晴れか，曇りか」で2クラス分類してやることで，多クラス分類を行うこともできる．

分類の基本的な流れは，次の2ステップである．

(1) 既知のデータから学習し，決定境界を決める．

(2) 求めた決定境界をもとに，未知のデータを分類する．

本書では，データを分割するための決定境界，とりわけ直線を，どのように求めるかについて見ていく．

2.3 1次元の場合

まずは簡単のために，1次元のデータから扱っていこう．先ほどの天気の例では，予測するために使えるデータ（説明変数）は，最低気温と最高気温の2種類だった．このようなデータを2次元のデータと呼ぶ．本節で扱う1次元

表 2.2 とある試験の点数と合否の表

受験番号	点数	合否	受験番号	点数	合否	受験番号	点数	合否
001	81	合格	006	94	合格	011	47	不合格
002	57	不合格	007	86	合格	012	58	不合格
003	96	合格	008	61	合格	013	66	合格
004	63	合格	009	84	合格	014	69	合格
005	36	不合格	010	41	不合格	015	73	合格

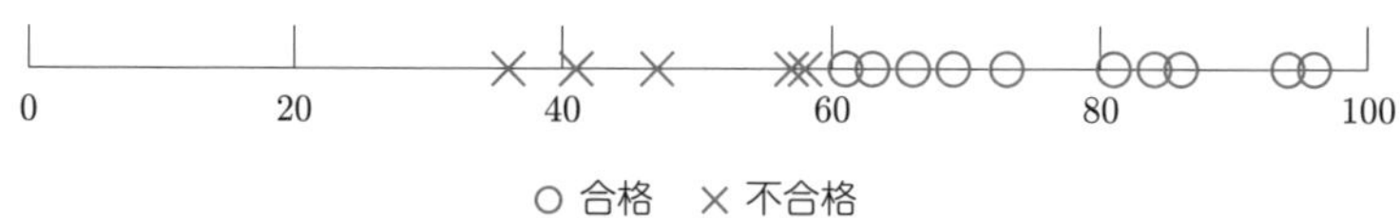

図 2.2 表 2.2 を数直線上にプロットしたもの

のデータとは，その説明変数が 1 種類の場合である．表 2.2 は，とある試験の各受験生の点数と，合格／不合格を表したものである．説明変数は「点数」の 1 つだけとなる．早速この表のデータをもとに分類してみよう．表 2.2 のデータを数直線上にプロットすると，図 2.2 のようになる．

多くの人は，この数直線を見れば，「60 点くらいを境に合否が変わる」ということに気づくだろう．実際，数直線の 60 点のところに縦線を引くと，きれいに合格と不合格を分けることができる．ところが，コンピュータにはそのような直感はない．どのようにしたら，コンピュータは合否の境目を知ることができるだろうか．

2.3.1 線形探索

まずは素朴な方法から考えてみよう．一番最初に思いつく方法は，0 点から 100 点まで，順番に直線を引いてみる方法だろう．まずは 0 点で分かれているかどうかを確認してみる．つまり，0 点未満は不合格，0 点以上は合格と仮定してみる．しかし，0 点以上なのに不合格の人がいるためこれは誤りで，0 点は正しい決定境界ではなかったということがわかる．次に 1 点で分かれているかどうかを確認し，次に 2 点，3 点……と増やしていくと，最終的に 59 点を決定境界とした際に，初めて正しく合格と不合格を分けることができる．このような手法は**線形探索** (linear search) と呼ばれている．

今回は59点に境界があったため，59回の確認で済んだ．0点からではなく100点から試せば40回程度で済むのではないか，と考える読者もいるかもしれないが，アルゴリズムの性能を測る際には，最悪の場合を想定する．0点から確認した場合，境界が100点だった場合には最悪の100回の確認が必要になるし，100点から確認したとしても境界が0点だった場合には，やはり100回の確認が必要になってしまう．

今回の例では最悪でも100回の確認で済むため，実際にコンピュータに計算させてもさほど時間はかからないであろう．ところが，これが1000点満点，あるいは10000点満点の試験だった場合，このアルゴリズムでは最悪1000回や10000回の確認が必要になってくる．もう少し一般的な言い方をすると，n 点満点の試験に対して，$O(n)$ 回の確認が必要ということになる．

また，試験の点数は整数かもしれないが，実社会に存在するデータは実数の値をもっていることもしばしばある．先ほどの天気の例でも，その境界は $y = 0.88x + 6.5$ と，小数を含んでいた．1次元のデータだったとしても，その境界を0.01あるいはもっと細かい間隔ですべての場合を調べるには，途方もない回数の確認，すなわち時間がかかってしまう．

2.3.2 二分探索

本項では，前項の素朴な方法で $O(n)$ 回必要だった確認の回数を $O(\log n)$ 回に減らす方法である**二分探索** (binary search) を扱う．アイデアとしては，まずは真ん中で試してみて，正解がもっと左にあるのか，あるいは右にあるのかを確認する．例えば，正解が右にあるということがわかれば，左半分はもう調べる必要がなくなる．そうしたら今度は右半分の真ん中で試す，ということを繰り返していく．

先ほどの試験の例で二分探索の動きを見てみよう（図2.3も適宜参照）．初めの段階では境界が0〜100点のどこにあるかわからないため，その中心である50点で試してみる（図2.3(a)）．すると，50点より右側，50点以上とった人の中に合格の人がいることがわかる．したがって，正解の境界は50点より

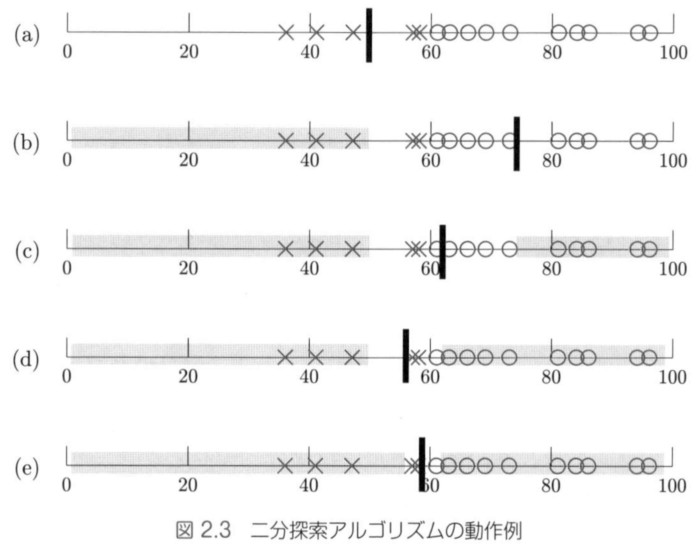

図 2.3 二分探索アルゴリズムの動作例

右側にあることがわかり，それと同時に，50 点よりも左側には正解の境界はないことがわかる．答えが 50 点と 100 点の間ということがわかったため，今度はその中心である 75 点で試してみる（図 2.3(b)）．すると，今度は 75 点より左側，75 点未満をとった人の中に不合格の人がいることがわかる．したがって，正解の境界は 75 点より左側にあることがわかる．これで，正解の候補はさらに半分の 50〜75 点の間ということになった．以下同様に，62.5 点（図 2.3(c)），56.25 点（図 2.3(d)），59.375 点（図 2.3(e)）と調べることで，最終的に正しい境界（の一つ）である 59.375 点を見つけることができる．

このように，とりうる答えの候補の中心で調べて，答えがどちら側にあるかを確かめていくことで，1 回の確認ごとに，決定境界の候補が半分になっていく．したがって，たとえ n 点満点の試験で同じことをしようと思っても，$2^x = n$ を満たすような x 回，すなわち $x = \log_2 n = O(\log n)$ 回の確認で境界を見つけることができる[1)]．

1) この等式が成り立つのは，n がちょうど 2 のべき乗 $(2, 4, 8, 16, 32, \ldots)$ のときだけであり，厳密には $2^x \geq n$ となる最小の x であるが，ここでは深く扱わない．

2.3.3 線形探索と二分探索

ここまで，2種類の探索手法を紹介してきた．これらのテクニックは機械学習に限らず，データから特定の値を検索する問題など，様々なところで利用されている．国語辞典から目的の単語を見つけたいときに，「あ」から順に探していくのが線形探索，とりあえず真ん中を開くのが二分探索である．

計算にかかる時間は，線形探索が $O(n)$ に対して二分探索が $O(\log n)$ である．$O(n)$ と $O(\log n)$ の間には途方もない差があることは，読者の皆さんも気づいているだろう．100万語収録されている国語辞典を探索した場合，線形探索では最悪100万回の確認が必要なのに対して，二分探索ではたった20回の確認で目的の単語を見つけることができる．

このようにいうと，線形探索を使う意味はないように感じてしまうかもしれないが，線形探索にも良いところがある．例えば，データが国語辞典のようにソートされていなくても使用できることや，データが頻度順に並んでいると速く動作する（ことが多い）ということなどがある．

2.4 2次元の場合

前節では，簡単のために1次元のデータを利用した．もう少し一般化した場合を考えるために，ここからは2次元のデータを扱っていく．図2.1をもう一度見てみよう．マルとバツは $y = 0.88x + 6.5$ の直線できれいに分けられている．では，この直線（決定境界）は一体どうやって求めるのだろうか．

横軸が x，縦軸が y であるような平面上のあらゆる直線は，$y = ax + b$ の形で表せる[2)]．$y = ax + b$ の a と b を決めることで，1つの直線が決まる．2つの実数の組合せは何通りあるだろうか．素朴に a と b のすべての組合せを順番に試すと，文字通り無限大の時間がかかってしまう．それでは困るので，効率の良いアルゴリズムを考えていこう．

2）厳密にはこの方法だと y 軸とちょうど平行な直線を表現できないことになるが，簡単のためにこの本では特に気にしないこととする．

2.4.1 調べる直線の数を減らそう

アルゴリズムを改良するにあたって，次の 2 つの事実を使う．

事実 1 2 つの点 $(x_1, y_1), (x_2, y_2)$ を通る直線 $y = ax + b$ は計算で求めることができる．具体的には，次の連立方程式を解くことで a と b の値を求めることができる．

$$\begin{cases} y_1 = ax_1 + b \\ y_2 = ax_2 + b \end{cases}$$

事実 2 正しく分類できる直線があるならば，データのうち 2 点を通るような正しく分類できる直線がある．

図 2.4 のようなデータを考えてみよう．このデータは図 2.4(a) のような直線でマルとバツを分けることができる．この直線は，マルやバツを超えない範囲で動かしたり回転させても，正しくマルとバツを分ける．そこで，この直線を可能な限り時計回りに回転させることを考えてみよう．すると，図 2.4(b) のような直線が得られる．このように，正しく分類できる直線があるならば，データのうち 2 点を通るような正しく分類できる直線があることがいえる[3)]．

ということは，ただ単に無数に存在するすべての a と b の組合せを調べるのではなく，データのうち 2 点の組合せすべてに対して，データのうちいず

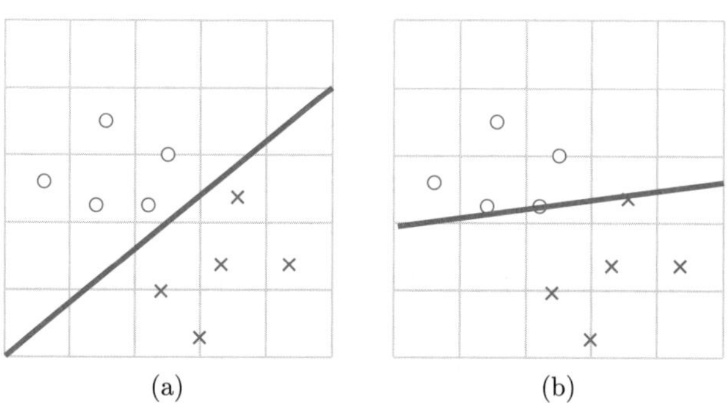

図 2.4 とるべき直線

3) この表現だと「掠るような直線」というのがより正確と思う読者もいるだろう．その考えは正しく，厳密には境界条件などをきちんと定義してやる必要がある．

れか2点を通る直線を調べれば十分ということになる．n 個のデータから2つ選ぶ組合せは，$n(n-1)/2 = O(n^2)$ 通りである．これによって，調べなければならない直線の数はだいぶ少なくなった．

2.4.2 凸包

調べる直線の数をもっと減らすことはできないだろうか．ここでは，凸包という概念を利用して，調べる必要のある直線の数をさらに減らしていく．

図2.5は，6つのデータを平面上にプロットしたものである．この6つのデータの場所に釘が刺さっていると想像してみよう．そこに，輪ゴムを1つ用意し，外側から大きく広げた後にパチンと手を離すと，4つの白マルのデータに引っかかる形で，図2.5(a)のような四角形ができる．この四角形のことを**凸包** (convex hull) と呼ぶ．6つのデータのうち2つ，図2.5(a)で黒マルでプロットされているデータには，輪ゴムは触れていない．輪ゴムに触れていない内側のデータを，**内点** (interior point) と呼ぶ．

ここで，周りを囲まれているデータ（内点）に着目してみよう．内点を通るどのような直線を引いたとしても，他のデータのうち少なくとも1つが直線の片側に，少なくとも1つが反対側にきてしまう（図2.5(b)）．ということは，決定境界を探す上で，内点を通るような直線は調べなくていいことがわかる．したがって，先ほどはすべてのデータから2つ選ぶ組合せをすべて試していたのに対して，凸包の外周上にあるデータから2つ選ぶ組合せだけを試

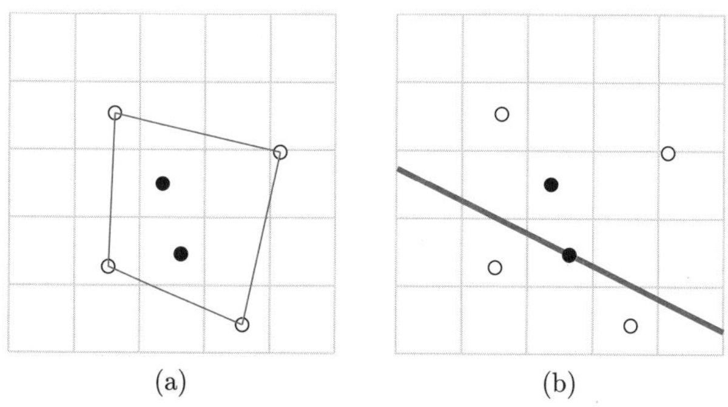

図2.5 (a) 凸包の例．白マルは凸包の外周上の点，黒マルは内点．(b) 内点を通るどのような直線もデータを2つに分けてしまう．

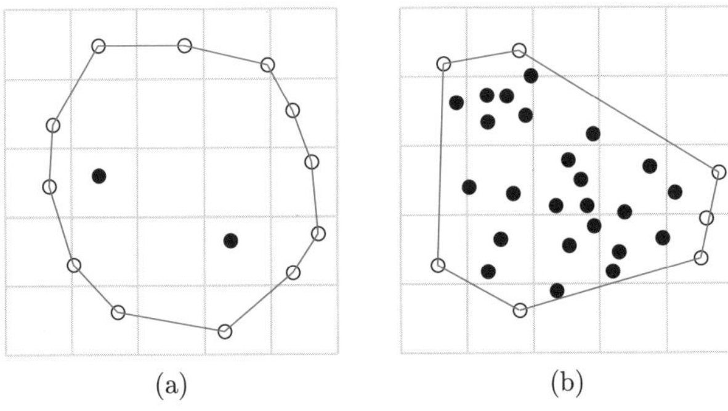

(a) (b)

図 2.6 (a) 凸包があまり有効でないデータの例．
(b) 凸包が有効なデータの例．

せばよいことになる．

では，凸包の外周上にあるデータの個数はどれくらいになるのだろうか．もちろんこれはデータによって様々である．例えば，図 2.6(a) では外周上にあるデータの個数は元のデータの個数に比べてまったく減っていないが，図 2.6(b) では外周上にあるデータの個数は元のデータの個数に比べて大きく減っている．このように，凸包の考え方を用いることによって，調べるべき直線の個数が必ず大きく減るということは示せない．一方で，経験則的にではあるものの，多くの場合では大きく減るため，有効なテクニックの一つとされている．

本項の残りの部分で，凸包を求めるアルゴリズムについていくつか紹介する．

■ ギフト包装法

ギフト包装法 (gift wrapping algorithm) は，1973 年に R. A. Jarvis 氏が発表した手法である．単純なアルゴリズムだが，次に紹介するアルゴリズムほどではないもののそこそこ高速に動作することが知られており，元のデータの個数を n，凸包の外周上に存在するデータの個数を h とした際に $O(nh)$ 時間で動作する．

(1) 明らかに凸包の外周上にくる点を 1 つ選ぶ（例えば，一番左の点は必ず入る）．

(2) 偏角が最も小さい点を選ぶ.
(3) 1 周するまで繰り返す.

■ 究極の凸包アルゴリズム

究極の凸包アルゴリズム (the ultimate planar convex hull algorithm) は，1986 年に David G. Kirkpatrick 氏と Raimund Seidel 氏によって発表された手法である．理論上最速である $O(n \log h)$ を達成した，世界で初めてのアルゴリズムでもある.

■ チャンのアルゴリズム

チャンのアルゴリズム (Chan's algorithm) は，1996 年に Timothy M. Chan 氏が提唱した手法である．以下のような分割統治法を用いたアルゴリズムで，究極の凸包アルゴリズムよりも単純なアルゴリズムであるが，同じ $O(n \log h)$ で動作する.

(1) **分割**　小さいグループに分割する.
(2) **統治**　それぞれのグループの凸包を求める.
(3) **合成**　組み合わせて全体の凸法を求める.

■ quickhull 法

ここまでで紹介した手法は，2 次元のデータに対して使えるものだった．チャンのアルゴリズムは 3 次元のデータにも使うことができるが，4 次元以上のデータに対しては使用できない.

quickhull 法は計算時間はかかってしまうものの，何次元のデータにも適用できる汎用性の高いアルゴリズムである.

(1) 一番離れた 2 点を見つける.
(2) その 2 点を結ぶ直線から一番遠い 2 点を見つける.
(3) それらの 4 点で囲まれた内側のデータは外周上にはこないため削除する (2 次元なら四角形，3 次元なら四面体).
(4) 外周上のデータのみになるまで繰り返す.

2.5 サポートベクターマシン

一般にマルとバツのような2種類のデータを分けるような直線，決定境界は無数に存在する．ここまでは，その中から1つ見つかればよいという観点で話をしてきた．本節では，そのように無数に存在する決定境界の中から，最も良い決定境界は何か，という点に焦点を当てていく．図2.7は，同じデータに対する2種類の決定境界である．この2つの直線のうち，どちらがより良い決定境界といえるだろうか．

もう少しデータが増えた場合のことを考えてみよう．データが増えて図2.8(a)(b)のようになったとすると，図2.8(b)の直線の方が正しかったように思える．一方で，データが増えて図2.9(a)(b)のようになったとすると，図

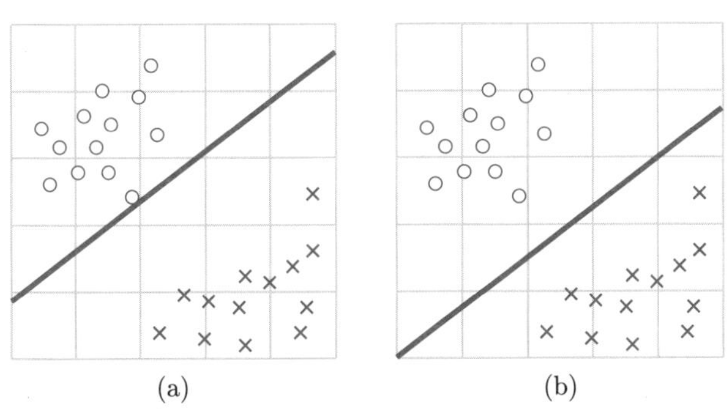

図2.7 同じデータに対する2種類の決定境界（その1）

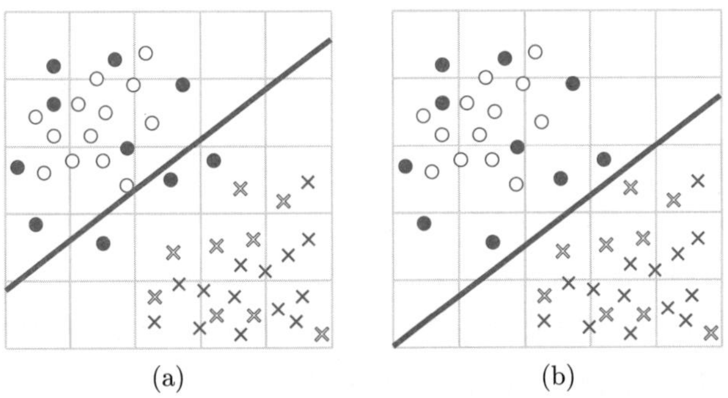

図2.8 同じデータに対する2種類の決定境界（その2）

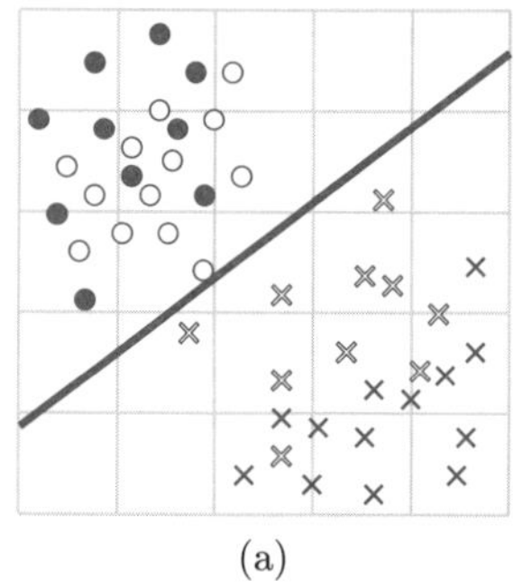

(a)

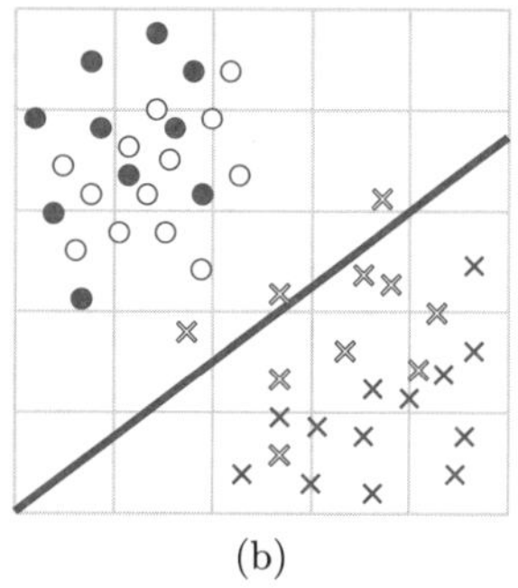

(b)

図 2.9　同じデータに対する 2 種類の決定境界（その 3）

2.9(a) の直線の方が正しかったように思える．しかし，よく見ると図 2.9 は，最終的にそろったデータに比べ，図 2.7 の時点で元々あったデータが，やけに偏っていることに気づくだろう．実は，このように偏る確率がかなり低くなることは統計学で示せる．したがって，私たちが目指すのは図 2.8(b) のような直線ということになる．では，この直線はどのような特徴をもっているだろうか．

2.5.1　マージン

直線とデータの間の距離のうち，最も短いものを**マージン** (margin) と呼ぶ．マージンは日本語で「余地」「余裕」といった意味がある．

先ほどの例で引いた直線とデータとのマージンを調べてみよう．図 2.10(a) の直線の例では，直線がマルの近くに引かれている．どのバツのデータとも大きく離れていることになるが，マージンは最も近いデータとの距離であるため，この直線とデータのマージンはかなり小さいことがわかる．

一方で，図 2.10(b) を見てみると，直線はマルのデータとも，バツのデータとも，適度に離れていることがわかる．実はこの直線は，このデータを正しく分類する直線のうち，最もマージンの大きな直線になっている．このように，マージンが大きな直線を選ぶことによって，未知のデータに対する正答率を上げる手法のことを，**サポートベクターマシン** (support vector machine) と呼ぶ．この節の残りの部分で，このマージンが最大になるような決定境界の求め方について扱っていく．

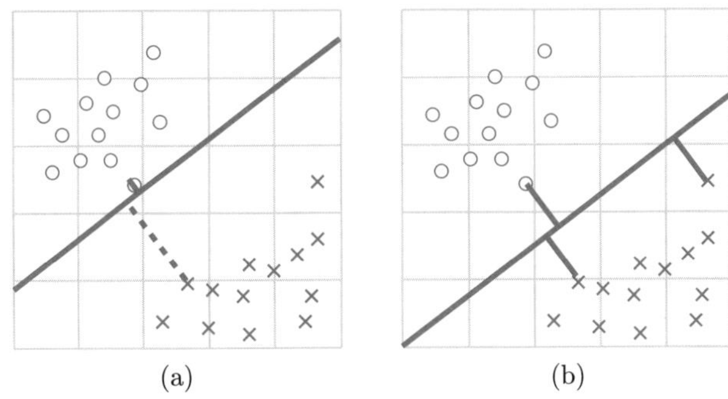

図 2.10 同じデータに対する 2 種類の決定境界（その 4）

■ データが 2 つの場合

今回も単純な例から考えてみよう．図 2.11(a) は 2 つのデータの例と，マージンが最大となる決定境界である．この直線は，マルのデータとバツのデータの間に引いた線分の垂直二等分線になっている．マルのデータとバツのデータ，どちらからも適度に離れなければならないということから，2 つのデータを結ぶ線分の中点を通るということは，直感的に思い浮かぶのではないだろうか．そして，中点を通る直線であれば何でもいいかというと実はそうでもない．図 2.11(b) は同じデータに対して 2 つのデータを結ぶ線分の中点を通る直線の例であるが，図 2.11(a) で引いた垂直二等分線に比べてマージンが小さいことに注意しよう．

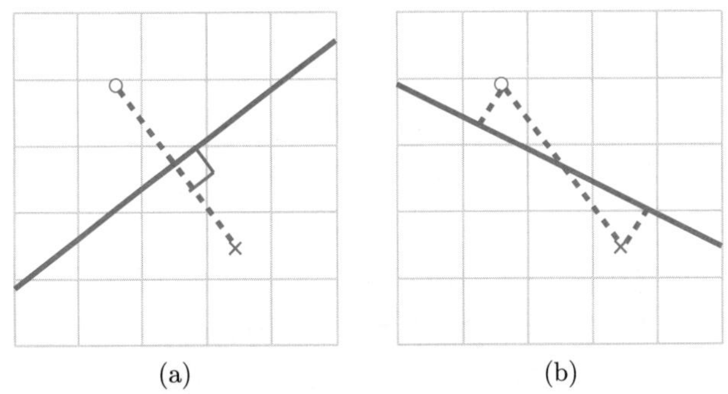

図 2.11 同じデータに対する 2 種類の決定境界（その 5）

■ データが 3 つ以上の場合

データの数が多い場合にも，先ほど同様，垂直二等分線を利用することで，マージンが最大となる決定境界が得られる．先ほどはデータが 2 つのみだったため，その 2 点を結ぶ線分の垂直二等分線を考えた．では，データの数がもっと増えるとどうなるだろうか．最も近い 2 つのデータを結ぶ線分は，一見良さそうな気がするが，実はうまくいかない場合がある．データの数がたくさんあった場合には，そもそもどの線分に対して垂直二等分線を考えればよいだろう．

データの数が多い場合，次の方法で求めることができる．

(1) それぞれのデータの凸包を求める．
(2) 凸包上の一番近い 2 点を見つける．
(3) その 2 点を結ぶ線分の垂直二等分線を求める．

これをコンピュータで求めるにはどうすればよいだろうか．凸包の求め方については，2.4.2 項で紹介した．一番近い 2 点についても，数学のテクニックを用いれば難しくない．しかし，次項で扱うように，コンピュータにはコンピュータにとってもっと扱いやすい方法がある．

2.5.2 数理計画

数理計画 (mathematical programming) は，1950 年代に生まれた言葉である．計画はプログラミングの和訳だが，皆さんの想像するであろうコンピュータプログラミングとは少し意味が異なる．実際，1950 年代というと，まだまだコンピュータが普及する前の時代である．

この計画という言葉は元々軍事用語で，物資や兵士の配備に対するスケジュール決めのことを表現していた．例えば「兵士の熟練度の総和が一定以上になるようにしつつ，訓練にかかる総費用は小さくしたい」といった場合に使用されてきた．

元々軍隊が使用していた手法であるが，やがて経済活動の計画作成に利用され始める．「品物を輸送したいけど，なるべくコストを下げたい」「いま持っているお金で，なるべく満足度の高い買い物をしたい」「冷蔵庫の中身を，なるべく使い切るようにメニューを決めたい」等々，たくさんの計画作成に利用されてきた．

$$
\begin{aligned}
\text{最大化：}\quad & x + y \\
\text{制約条件：}\quad & y - x \leq 1 \\
& x + 6y \leq 15 \\
& 4x - y \leq 10 \\
& x \geq 0 \\
& y \geq 0
\end{aligned}
\tag{2.1}
$$

式 (2.1) は，数理計画問題の例である．数理計画の問題例は，1 つの目的関数と呼ばれる式と，いくつかの制約条件と呼ばれる式の集まりで表される．制約条件の式をすべて満たしつつ，目的関数の値を最大化，あるいは最小化するように，各変数の値を決めることになる．図 2.12 は，式 (2.1) を図示したものである．それぞれの直線が，各々制約条件の式に該当し，青で塗られた部分が，制約条件をすべて満たす変数の組合せとなる．今回の目的関数は，$x + y$ であり，これを最大化することが目的であるため，図でいうならなるべく右上，太い矢印の方向にいくほど目的に合った値ということになる．すると，$(3, 2)$ がこの数理計画法の答えということになる．

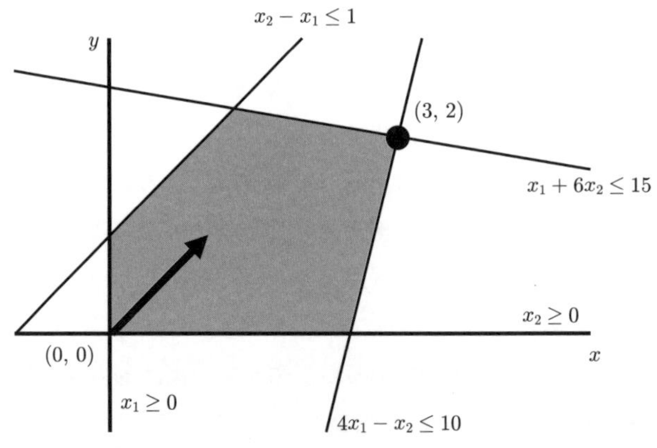

図 2.12 式 (2.1) を図示したもの

■ 線形計画と単体法

数理計画問題のうち，目的関数や制約条件の式がすべて1次不等式であるもののことを，**線形計画問題** (linear programming problem) と呼ぶ．線形計画問題は，**単体法** (simplex method) や**内点法** (internal point method) といったアルゴリズムを使うことで，効率良く解くことができる．これらの方法はそれだけで1冊の本になるくらい奥の深いアルゴリズムなので，本書では詳しく触れることはせずに，単体法のアイデアと動作例のみ紹介する．

単体法は，線形計画問題のいくつかの特徴を利用する．その特徴の一つは，与えられた線形計画問題の制約条件を満たすような変数の組合せの範囲が，必ず凸多面体になるというものである．例えば2変数の場合には，図2.12のように凸多角形になる．そしてもう一つの特徴が，与えられた目的関数を最大化（あるいは最小化）するような変数の値の組合せは，必ずその凸多面体（2変数なら凸多角形）の頂点のいずれかになるというものである．図2.12でも，最適解は凸多角形の頂点の一つになっていることがわかる．これらの特徴から，線形計画問題を解きたい場合には，すべての変数の組合せを調べる必要はなく，その問題の制約条件を満たす凸多面体の各頂点だけ調べてやればよいことになる．

もちろん，凸多面体の頂点といっても，その数は一般に指数的に大きくなるため，単純なやり方で調べているとやはり時間がかかってしまう．ここで紹介する単体法は，その凸多面体の頂点の中から最適なものを効率的に探し出す方法である．

単体法は，次のような流れで動作する．

(1) 線形計画問題を扱いやすい形に変形する．
(2) 適当に1つ頂点を選ぶ．
(3) 選んだ頂点が最適かどうか判定する．最適でなければ，より良い頂点を選び直す．
(4) 最適な頂点を選べるまで繰り返す．

■ 数理計画によるマージンの最大化

数理計画問題は，制約条件を満たすような変数の組合せのうち，最も目的関数を最大化（あるいは最小化）するようなものを見つけるという問題だった．ということは，これを利用してうまく式を立ててやることで，2 種類のデータを分類する直線のうち，最もマージンを最大化するようなものを見つける数理計画の問題例を作ることができそうである．

実際に数理計画の問題例を作ってみよう．ここでは，(x_1, y_1) と (x_2, y_2) にマルのデータ，(x_3, y_3) と (x_4, y_4) にバツのデータがあると仮定し，マージン M を最大化するような決定境界 $y = ax + b$ の a と b の値を求めることを考える．ここで，点 (x_1, y_1) と直線 $y = ax + b$ との距離が，

$$\frac{|b + ax_1 - y_1|}{\sqrt{1 + a^2}}$$

で求められることを利用すると，以下のような数理計画問題を作ることができる．

$$\text{最大化：} \quad M \tag{2.2}$$

$$\text{制約条件：} \quad \frac{|b + ax_1 - y_1|}{\sqrt{1 + a^2}} \geq M \tag{2.3}$$

$$\frac{|b + ax_2 - y_2|}{\sqrt{1 + a^2}} \geq M \tag{2.4}$$

$$\frac{|b + ax_3 - y_3|}{\sqrt{1 + a^2}} \geq M \tag{2.5}$$

$$\frac{|b + ax_4 - y_4|}{\sqrt{1 + a^2}} \geq M \tag{2.6}$$

$$y_1 \geq ax_1 + b \tag{2.7}$$

$$y_2 \geq ax_2 + b \tag{2.8}$$

$$y_3 \leq ax_3 + b \tag{2.9}$$

$$y_4 \leq ax_4 + b \tag{2.10}$$

では，この数理計画問題について詳しく見ていこう．式 (2.2) が目的関数である．M をマージンと置いたので，そのマージンを最大化することが目的となる．式 (2.3)〜(2.6) は，それぞれのデータが，マージン M よりも大きな距

離だけ離れている条件を加えるものである．これらの式によって，マージン M がなるべく大きな値をとろうとした場合，それぞれのデータのうち最も直線との距離が小さいものの距離の値が M になる．式 (2.7) と式 (2.8) は，マルのデータが直線の上に配置されるような条件，式 (2.9) と式 (2.10) は，バツのデータが直線の下に配置されるような条件である．これらの式によって，マージンを最大化する決定境界を求めるような数理計画法の問題例を構成することができている．

マージンが最大であるような決定境界を求めるための数理計画問題を作ることができた．あとはこの問題を解けばいいのだが，まだ少し問題が残っている．先ほど，数理計画問題のうち，すべての式が 1 次の式であるような線形計画問題は高速に解くことができるという話をした．一方で，今回作成した数理計画問題は，a^2 を含む 2 次の式を使用している二次計画問題である．したがって，先ほど紹介した単体法や内点法といったアルゴリズムをそのまま使用することができない．

二次計画問題は一般的に難しい問題であり，どんな二次計画問題も高速に解くようなアルゴリズムはまだ知られていない．しかし，一部の二次計画問題だけであれば，高速に解くアルゴリズムはいくつも知られている．特に，今回構成したマージンが最大であるような決定境界を求める二次計画問題は，二次計画問題であるにもかかわらず，線形計画問題を解くアルゴリズムである内点法が動作する特殊な問題の一つである二次錐計画 (second-order cone programming) に含まれる．したがって，本書では詳しく扱わないが，内点法を用いることにより高速に解くことが可能である．

2.6 線形分離可能性

ここまで，決定境界によって 2 つのデータがきれいに分けられる例を扱ってきた．しかし，世の中のデータの中には，きれいに分けられないものも多く存在する．図 2.13(a) は先ほどまでと同様，1 つの直線によってマルとバツのデータがきれいに分かれる例である．このようなデータを**線形分離可能** (linearly separable) なデータと呼ぶ．それに対して，図 2.13(b) はどのような直

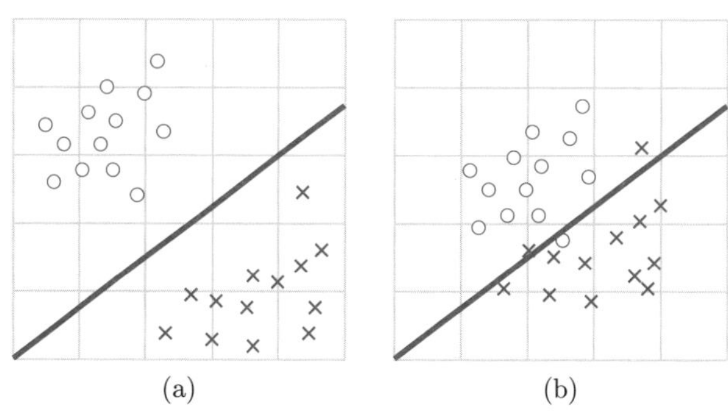

図 2.13 (a) 線形分離可能なデータの例. (b) 線形分離不可能なデータの例.

線を引いたとしても，マルとバツのデータを分けることができない．このようなデータは**線形分離不可能**なデータと呼ぶ．

線形分離不可能なデータに対しては，あきらめてなるべく良い線を探すこともあるが，本節では，あきらめずにどんな手を使っても線を見つける方法の一つであるカーネル法について紹介する．

2.6.1 カーネル法

カーネル法 (kernel method) では，空間を捻じ曲げたり歪めたりして不可能を可能にする．といっても，データを捏造するというわけではなく，座標軸そのものを変更するという真っ当な手法である．図 2.14 は，カーネル法を使うことによって線形分離が可能になるデータの例である．図 2.14(a) のように，単純に x 軸と y 軸をもとにプロットした場合には線形分離不可能であるが，図 2.14(b) のように x 軸と x^2+y^2 軸をもとにプロットすることによって線形分離可能となる．

今回は x^2+y^2 という新しい軸を導入することによって，決定境界を求めることができた．ある程度数学の感覚のある人が図 2.14(a) のデータを見れば，x^2+y^2 が解決の糸口になることに気づくかもしれない．一方で，このように絶妙な軸が常に都合良く見つかるとは限らない．変数が x と y の 2 つだけだったとしても，$x, y, xy, x+y, x^2, y^2, xy^2, x^2y, x^3, \ldots$ と，軸のとり方は無数にある．その無数の候補の中から，有効なものを見つけるのは大変な作業で，どんなに性能の良いコンピュータを使ったとしても，全部を試すことは不可能で

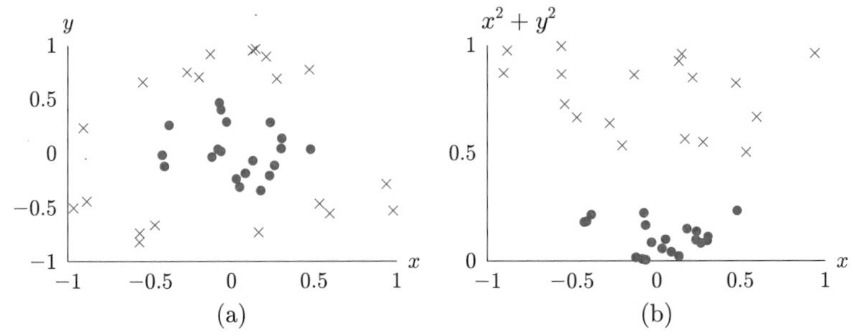

図 2.14 (a) x 軸と y 軸をもとにプロットしたデータの例.
(b) x 軸と $x^2 + y^2$ 軸をもとにプロットしたデータの例.

ある.軸の選び方に関しては様々な研究が進められているが,単純な解決法として,人間が直感で選んだり,あるいはコンピュータの力を活用していろいろと試しているうちに良い軸を発見したりすることもできる.

2.7 その他の分類手法

ここからは,分類で用いられる様々な手法を紹介する.

2.7.1 決定木

決定木 (decision tree) は,分類手法の一種である.まずは例を見てみよう.図 2.15 は,ある学校の運動会の開催日を表した決定木である.決定木は上から順にたどっていくことで,物事を決定できる.この決定木では,まず 10 日が雨かどうかを判定する.10 日が雨でなかった場合,図の左下に進み,運動会は 10 日に開催されることになる.一方で,10 日が雨だった場合には,図の右下に進み,次の条件にたどり着く.次は 11 日が雨かどうかを判定する.11 日が雨でなかった場合,運動会は 11 日に開催され,11 日も雨だった場合には運動会は開催中止となる.

先ほどまでの分類分析の流れは以下のようなものであった.

(1) 既知のデータから学習し,決定境界を決める.

(2) 求めた決定境界をもとに,未知のデータを分類する.

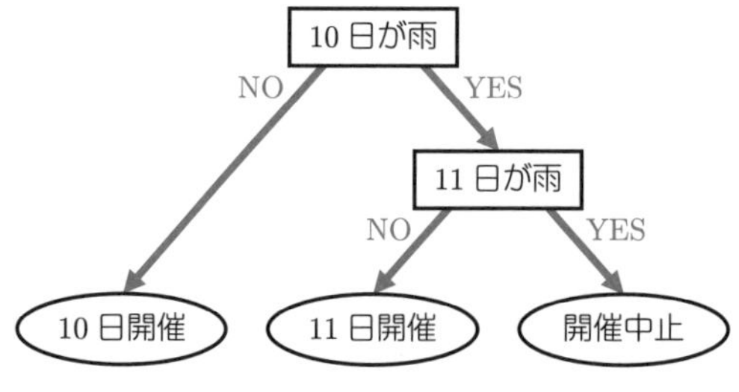

図 2.15 決定木の例

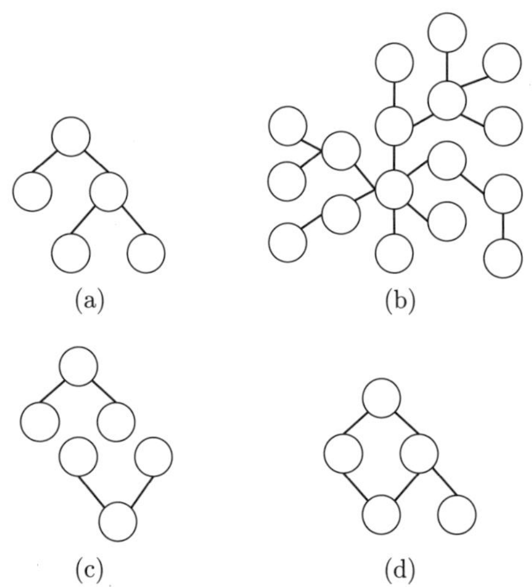

図 2.16 木グラフの例. (a) と (b) は木. (c) は連結でないため木でない. (d) は閉路を含むため木でない. 連結：どの点からどの点へも点–辺–点–辺……と交互にたどることで到達できる. 閉路：ある点から点–辺–点–辺……と交互にたどることで同じ辺を 2 度使わずに元の点に到達できる部分.

本項で扱う決定木も，同じように以下の流れで行うことができる.

(1) 既知のデータから学習し，決定木を作る.
(2) 求めた決定木をもとに，未知のデータを分類する.

ところで，なぜこのような構造のことを決定木と呼ぶのだろうか. 決定はいいとして，木というのは，グラフ理論で用いられる用語である. **グラフ** (graph)

とは，いくつかの点と，いくつかの点のペアをつなぐ辺からなる構造である．交差点を点，それらをつなぐ道路を辺とみなすことで道路網をモデル化したり，分子を点，結合を辺とみなすことで化学物質をモデル化したり，いろいろなところで利用されている．

グラフには，その点と辺のつながり方の特徴によって，名前がついているものがある．その一つが「木」である．**木** (tree) とは，連結なグラフのうち，閉路がないようなものをいう．図 2.16 の (a) や (b) は木の例である．(c) は連結ではないため木ではない．(d) は閉路を含んでいるため木ではない．これを踏まえてもう一度先ほど紹介した決定木の例（図 2.15）を見てみると，確かに木の形をしていることがわかる．

■ 決定木の作り方

早速決定木を作ってみよう．八木山くんがある授業に 15 回出席した．図 2.17 は，それぞれの授業の前日の睡眠時間と，授業中の室温に対して，八木山くんが授業中に寝てしまったかどうかをプロットしたものである．このデータをもとに決定木を作ると，図 2.18 のようになる．

ここで着目してほしいのが，このようなデータは先ほど紹介した線形分離不可能なデータだということである．すなわち，決定境界によって 2 つのデータがきれいに分けられるようなデータではない．しかし，決定木を利用することによって，このような線形分離不可能なデータも正しく分類できる．

■ より良い決定木

1 つのデータに対して作ることのできる決定木は 1 つではない．図 2.19 は図 2.17 のデータに対する別の決定木である．先ほどよりも条件の数が多いが，こちらも正しく八木山くんが寝るか寝ないかを分類できている．では，どちらの決定木がより良い決定木といえるだろうか．

決定木を利用して未知のデータを分類するときのことを考えてみよう．図 2.18 の場合，最悪でも 3 回の判定で寝るか寝ないかを分類できるのに対して，図 2.19 を使用した場合，最悪 7 回も判定する必要がある．今後この決定木を何回も使うことを想像すると，なるべく判定の回数は少ない方がよさそうである．

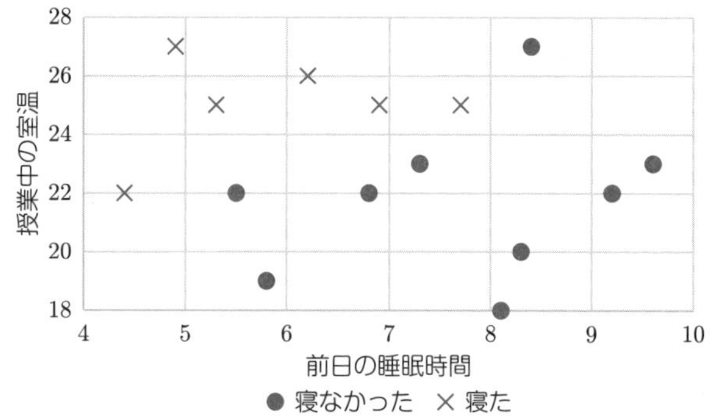

図 2.17 前日の睡眠時間と授業中の室温に対する，居眠りのデータ

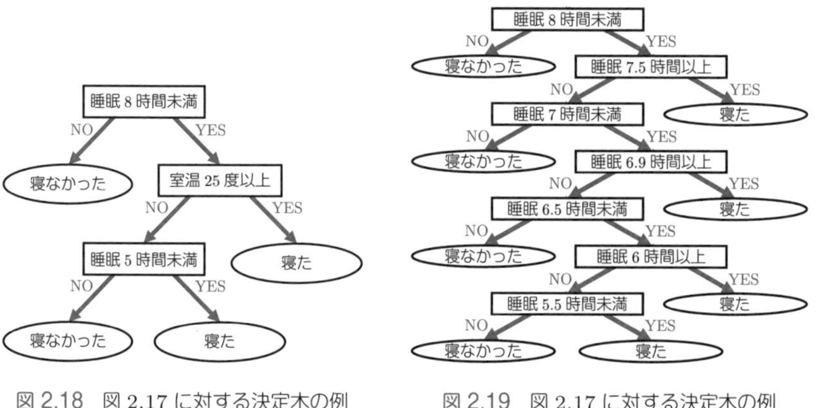

図 2.18 図 2.17 に対する決定木の例（その 1）

図 2.19 図 2.17 に対する決定木の例（その 2）

■ ジニ不純度

なるべく少ない回数で分類するには，それぞれの判定でなるべく「いい感じに」データを分ける必要がある．直感的には，マルとバツのデータを「8 時間未満かどうか」といった条件で分けた際に，分けた後のデータがマルばかりのデータとバツばかりのデータになっているとよさそうである．そこで，不純度という概念を導入していく．1 種類のデータだけで構成されているデータは不純度が低く，複数のデータがバラバラに含まれているデータは不純度が高くなるように定義する．例えば，マルだけで構成されるデータは不純度が 0 であ

るとしよう．マルの多いデータにバツの割合が増えれば増えるほど不純度は上がっていき，マルの数とバツの数が同じときに最大になる．バツの数がマルよりも多くなると，そこからは逆にバツの割合が増えれば増えるほど不純度は下がっていき，最終的にバツだけで構成されるデータはやはり不純度が 0 になるように定義する．今回考えるアルゴリズムのアイデアは，この不純度がなるべく小さくなるような判定を繰り返して行うというものである．

本書では，不純度の中で特に利用されることの多い，**ジニ不純度** (Gini impurity) を紹介する．データの集合に対して，ジニ不純度は次の式で求められる．

$$\text{ジニ不純度} = 1 - \sum_{\text{各ラベル}} \left(\frac{\text{そのラベルのデータ数}}{\text{データの総数}} \right)^2$$

図 2.17 に対して，早速ジニ不純度を計算してみよう．このデータには，マルのデータが 9 個，バツのデータが 6 個の，合計 15 個のデータが含まれている．先ほどの式に当てはめると，

$$\text{ジニ不純度} = 1 - \left(\left(\frac{9}{15} \right)^2 + \left(\frac{6}{15} \right)^2 \right) = 0.48$$

となり，初期状態でのジニ不純度は 0.48 とわかる．

では，先ほど図 2.18 で行ったように，前日の睡眠時間が 8 時間未満だった場合と，そうでなかった場合にデータを分けた場合，その不純度はどうなるだろうか．前日の睡眠時間が 8 時間未満だったデータは，マルが 4 個，バツが 6 個なので，ジニ不純度を計算すると 0.48 となり，不純度は変わっていない．一方で 8 時間以上のデータに対しては，マルが 5 個，バツが 0 個で，ジニ不純度は 0.00 となる．10 個のデータのジニ不純度が 0.48 で 5 個のデータのジニ不純度が 0.00 なので，平均をとると 0.32 となり，全体のジニ不純度が下がっていることがわかる．

さて，先ほど示した 2 つの決定木，図 2.18 と図 2.19 では，睡眠時間 8 時間未満のデータに対して次に行う判定が異なっていた．そのそれぞれについて，ジニ不純度がどれくらい減っているかを見てみよう．

図 2.18 では，2 番目に室温が 25 度以上かどうかを判定している．室温が 25 度以上のデータは 5 個でジニ不純度は 0.00，25 度未満のデータは 5 個でジニ不純度は 0.32，全体を平均すると，ジニ不純度は 0.16 に減っている．

一方で，図 2.19 では，2 番目に睡眠時間が 7.5 時間以上かどうかを判定している．睡眠時間が 7.5 時間以上のデータは 1 個でジニ不純度は 0.00，7.5 時間未満のデータは 9 個で不純度は 0.49，全体を平均してもジニ不純度は 0.44 となり，せっかく判定をしたにもかかわらず，ジニ不純度は 0.48 からあまり下がっていない．

良い決定木は，判定のたびに不純度が大きく下がる．このことを利用して，ありとあらゆる判定方法の中から，なるべくジニ不純度が小さくなるような方法を選ぶ，ということを繰り返し行い，効率の良い決定木を作成できる．この決定木の作成法は **CART アルゴリズム**とも呼ばれている．

2.7.2 ランダムフォレスト

ランダムフォレスト (random forest) は，一言でいうと決定木をたくさん作って多数決をする方法である．フォレストは日本語で森を表す．木をたくさん作るため，森となる．ランダムフォレストは，決定木の良いところはそのままに，並列計算による高速化や，過学習の抑制など，様々な利点がある．

決定木では，例えば 100 個のデータがあれば，その 100 個のデータに対して 1 つの決定木を作った．それに対してランダムフォレストでは，そのデータのうち半分をランダムに選んで決定木を作る，ということを何十回も何百回も繰り返し，大量の決定木を作ることでランダムフォレストが完成する．未知のデータに対しては，作成したすべての決定木で判定をした上で，多数決をとる．図 2.20 はランダムフォレストの概略図である．

ランダムフォレストは，別々に学習した学習器（ここでは決定木）を何らかの形で融合させて性能を向上させる，**アンサンブル学習** (ensemble learning) と呼ばれる手法の一種である．アンサンブル学習をすることによって，推定の精度が上がることが知られている．直感的な話をしよう．常に 60% の確率で正しい判断をする人がいたとする．その人だけでは 40% は間違った判断をしてしまうが，60% の確率で正しい判断をする人を 3 人連れてきて，判断はそ

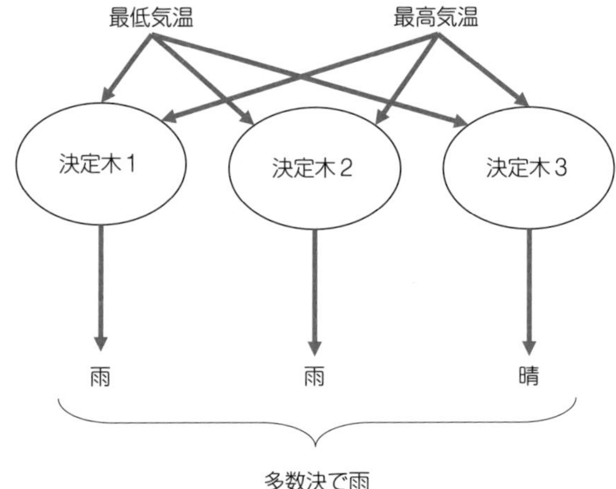

図 2.20 ランダムフォレストの概略図

の 3 人の多数決で行う場合を考えてみよう．すると，64.8% の確率で正しい判断ができるようになる．さらに増えて 101 人になると，97.9% の確率で正しい判断ができるようになる．

この話はあくまで直感的な話であり，例えば「3 人が正しく判断できる 60% がそれぞれ独立である」といった仮定が必要になる．つまり，みんなが間違いやすいデータ，あるいは逆に，みんなが正しく判断できるデータなどというものが完全にない場合の話である．実際のデータではそのようなことはまずないため，先ほどの話のような劇的な改善とはならないが，それでもアンサンブル学習だけで 1 冊の本が書けるくらい様々な研究が進められている．

2.7.3 MT 法

MT 法は，異常値検知に特化した分類手法である．Prasanta Chandra Mahalanobis 氏の M と田口玄一氏の T から名付けられた．

異常値検知をしたい場合には，正常なものに対するデータはたくさんあるのに対して，異常なものについてはどんな未知のデータが待ち構えているのか見当もつかない．そのような場合に活躍するのがこの MT 法である．

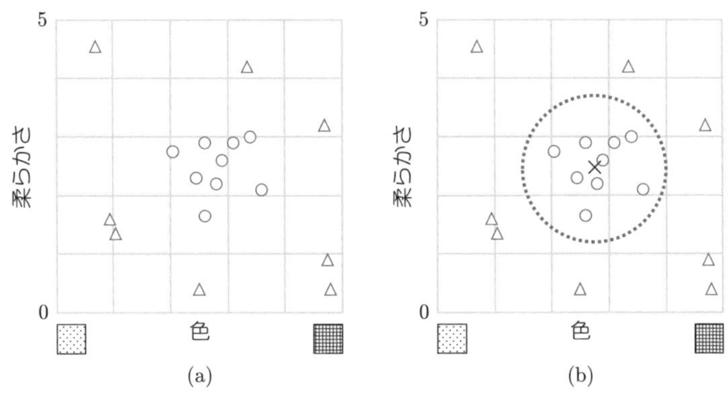

図 2.21 MT 法の例

ここまでの分類の手法では，正常なものと異常なものに分類しようと思ったら，直線を引いて，上なら正常，下なら異常といった具合に行ってきた．これは言い換えると，

- 正常だとわかっているデータに近いものは正常
- 異常だとわかっているデータに近いものは異常

という考えのもとで行われていた．それに対して MT 法では，

- 正常だとわかっているデータに近いものは正常
- 正常だとわかっているデータから遠いものは異常

という考えに基づいて行われる．

例えば，あるパン工場では毎日たくさんのパンを作っているが，たまに焼きすぎてしまったり，発酵が足りなかったりして，品質の良くないパンが出来上がってしまうとしよう．そのようなパンを検出するために，完成したパンの「色」と「柔らかさ」のデータを集めたところ，図 2.21(a) のようになった．MT 法では，まず標準となる値を決める．そして，そこから一定以上距離が離れていたら異常というように判断する．図 2.21(b) でバツで書かれているのが標準となる値で，その周りの点線で描かれたマルが一定の距離である．

2.7.4　怠惰学習

■ 近傍法

次に紹介する近傍法は，怠惰学習と呼ばれる学習方法の一種である．これまでに紹介してきた学習では，データから関係性を見つけ出してきた．直線を引いて，上ならマル，下ならバツといった具合の関係性である．この場合は直線を見つけた後ならば，未知のデータの分類をしようと思った際にその直線さえ覚えていれば，学習に使用したデータは忘れてしまっても正しく分類することができる．

それに対して怠惰学習とは，学習データを丸暗記する手法である．怠惰学習の最も基本的な手法に，近傍法というものがある．近傍法では，学習データの中で，未知のデータに最も近いデータを答える．

図 2.22 は近傍法の例である．マルと三角のデータを丸暗記しておくことで，例えば図 2.22(a) の黒マルのデータがきた場合には，マルよりも三角のデータの方が近いので，このデータは三角であると推定する．一方で，図 2.22(b) の黒マルのデータがきた場合には，三角よりもマルのデータの方が近いので，このデータはマルであると推定する．

近傍法の良いところは，学習の必要がない点である．そのため，多くのデータに対して適用が可能となる．一方で，上述の通り，未知データに使用する際にも学習データを全部覚えておく必要があり，他の手法のように直線の式や決定木を覚えておくだけ，というわけにはいかない．また，精度を良くするには

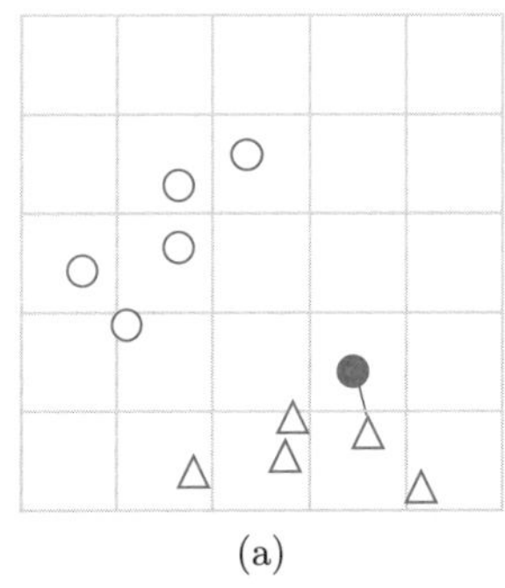
(a)

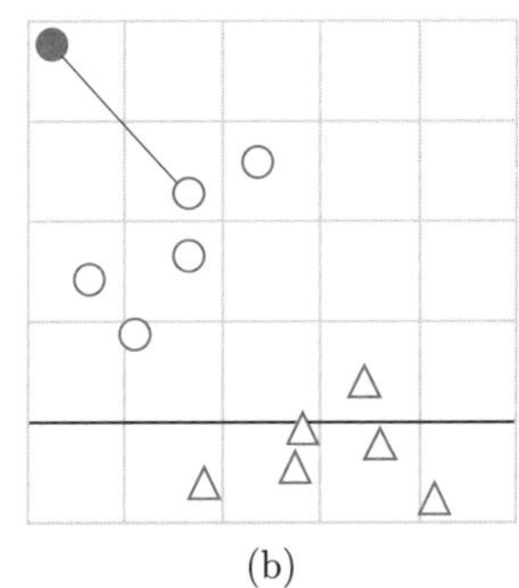
(b)

図 2.22　近傍法の例

ある程度多くのデータが必要になってくる点にも注意しなければならない．実用上の問題としては，一番近いデータを探すために必要な計算にかなりの時間がかかり，特に多次元のデータの場合，現実的な時間で計算が終わらなくなってしまうことがある．

■ k 近傍法 (*k*-nearest neighbors)

近傍法を改良したものに，k 近傍法と呼ばれるものがある．近傍法との違いは，近い順に k 個の学習データを探し，多数決をとるという点である．k は任意の自然数で，1 近傍法は近傍法ということになる．図 2.23 は $k = 3$ の場合の k 近傍法の例である．

k 近傍法も近傍法と同様に怠惰学習なので，近傍法と同じような長所と短所をもつ．また，k を大きくすることで学習データと異なるデータ（外れ値）に強くなるが，単純に計算時間が k 倍近く増えてしまうため，使用できる場面は限られる．

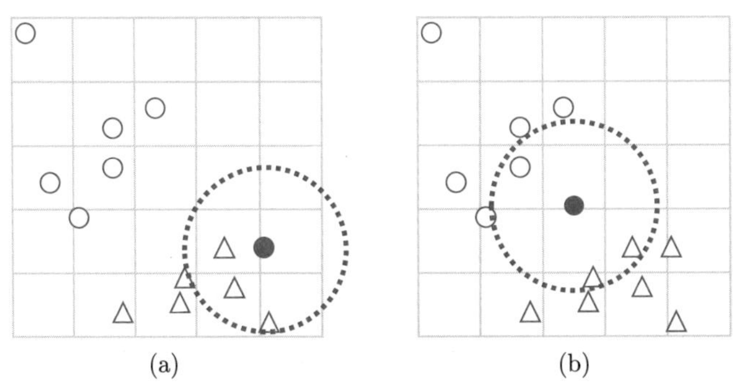

図 2.23 k 近傍法の例

演習問題

2.1 本章で扱った分類技術の発展によって，世界の何が変わったか論じなさい．

2.2 A さんと B さんは，B さんが 1 から n までの数字から 1 つ選び，A さんがその数字を当てるというゲームをした．A さんが間違った回答をするたびに，B さんは自分の選んだ数字と，A さんの間違った数字の大小関係を伝える．なるべく少ない回数で数字を当てるための，A さんの戦略を与えよ．

2.3 甘味と酸味のデータから，レモンとメロンを分類することを考える．表 2.3 のデータに対して，最もマージンが大きくなるような決定境界 $y = ax + b$ を求めなさい．ただし，甘味を x 軸，酸味を y 軸とすること．また，甘味が 3，酸味が 2 だった場合に，どちらに分類されるか調べなさい．

表 2.3　レモンとメロンの甘味と酸味のデータ

甘味 (x)	酸味 (y)	ラベル
1	4	レモン
1	8	レモン
2	7	レモン
3	8	レモン
6	4	メロン
7	2	メロン
7	3	メロン
9	4	メロン
3	2	?

2.4 表 2.3 のデータに対して，近傍法を用いて学習を行った場合，甘味が 3，酸味が 2 だった場合に，どちらに分類されるか調べなさい．前問 2.3 の回答と比較し，怠惰学習の良い点と悪い点をそれぞれ 1 つずつ挙げなさい．

2.5 図 2.24 は，とあるデータと，ジニ不純度を最小化する決定境界である．分類前と後のジニ不純度を計算し，比較しなさい．また，このデータに対してなるべくジニ不純度が小さくなるような判定を繰り返し行う CART アルゴリズムを使用して作成した決定木は，判定回数の少ない決定木といえるかどうか論じなさい．

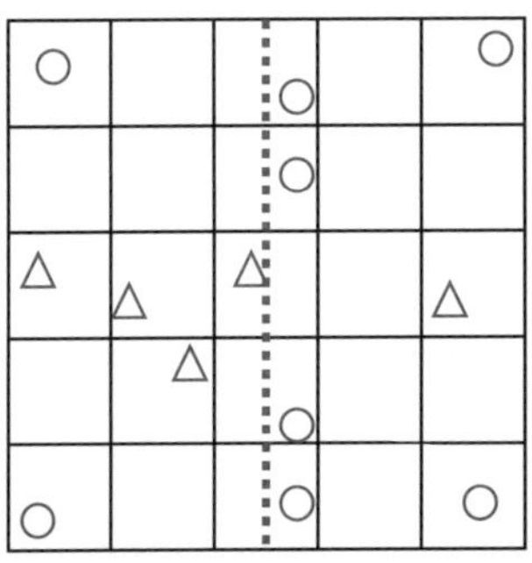

図 2.24　とあるデータと，ジニ不純度を最小化する決定境界

第3章 回帰

3.1 回帰分析とは

この章で扱う**回帰分析** (regression analysis) も，前章で扱った分類と同じく，教師あり学習に含まれる．教師あり学習とは，データと「既知の答え」の対応関係を学習して，データから「未知の答え」を予測するものであった．分類では，「晴れか雨か」「合格か不合格か」といったラベルを予測したが，それに対して回帰では値を予測する．例えば「顔の写真から年齢を予測する」「生まれたときの身長から体重を予測する」「気温と湿度からアイスクリームの売上を予測する」といった具合である．

難しいことは置いておいて，まずは例を見てみよう．図 3.1 は 60 人の新生児のデータを，横軸を身長，縦軸を体重としてプロットしたものである．この図をぼんやりと眺めると，身長が大きくなるにつれて体重も大きくなる傾向があることに気づく（直感的にも身長の大きな赤ちゃんの方が体重は重そうである）．

さて，この図には $y = 194.18x - 6423$ の直線が引いてある．この直線を**回帰直線** (reguression line) と呼ぶ．どうやって求めるかは後ほど紹介するが，この直線を利用することによって，新生児の身長から体重を予測できる．身長が 50 cm だった場合には，$y = 194.18x - 6423$ の x に 50 を代入して，3286 g と予測できる．

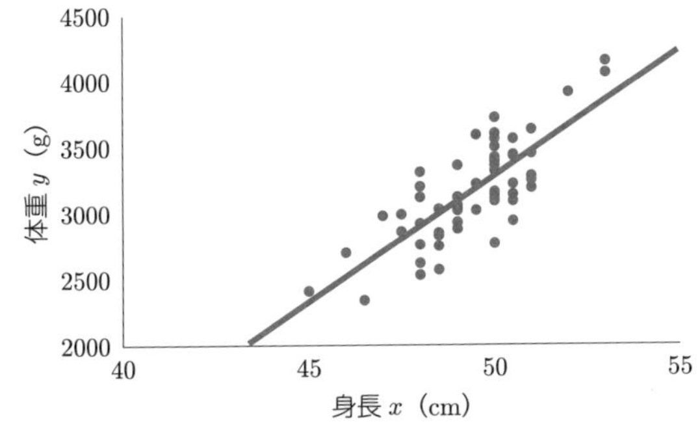

図 3.1　60 人の新生児のデータを，横軸を身長，縦軸を体重としてプロットしたもの．直線は $y = 194.18x - 6423$.

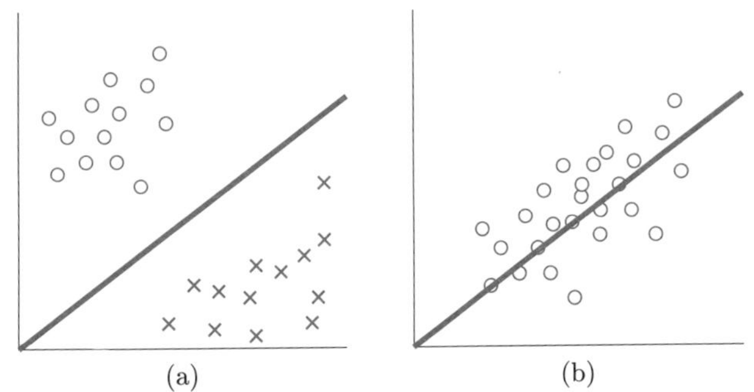

図 3.2　(a) 分類で求めたかった直線，決定境界．(b) 回帰で求めたい直線，回帰直線．

前章で扱った分類と同様，今回の回帰分析の例では，身長を説明変数として，この値をもとに目的変数である体重の値を予測する．また，この例のように，1 つの説明関数から予測する回帰分析を単回帰分析，「気温と湿度からアイスクリームの売上を予測する」というように，「気温」と「湿度」といった 2 つ以上の説明変数から予測する回帰分析を重回帰分析と呼ぶ．本書では，単回帰分析を中心に扱っていく．

図 3.2 は，分類と回帰の違いを直感的に表したものである．図 3.2(a) の分類では，2 種類のデータを分類する直線，決定境界を求めることが目的だったのに対し，図 3.2(b) の回帰では，目的となる値を予測するための直線，回帰直線を求めることを目的としている．

3.2 単回帰

目的変数を 1 つの説明変数で予測することを**単回帰分析** (simple regression analysis) と呼ぶ．本章では，図 3.2(b) のように，横軸を説明変数，縦軸を目的変数として，回帰直線を求めることを考える．では，どのような直線がより良い回帰直線であるといえるだろうか．分類ではマージンの大きい直線がより良い直線だったが，回帰では誤差が小さい直線がより良い直線となる．

誤差と一言にいっても様々な考え方がある．その中で最もよく使われるものの一つに，平均二乗誤差というものがある．n 個のデータ $(x_1, y_1), (x_2, y_2), \ldots, (x_n, y_n)$ があった際に，回帰直線 $y = ax + b$ との平均二乗誤差は次の式で求められる．

$$\frac{\Sigma_{i=1}^{n}(y_i - (ax_i + b))^2}{n}$$

本書では，この平均二乗誤差が最小であるような直線が，回帰直線として最も良い直線であるとして話を進めていく．平均二乗誤差を最小にする直線のことを最小二乗直線と呼び，計算の簡単さや，答えの一意性など様々な理由から，機械学習に限らず様々な場面で使われている．

n 個のデータ $(x_1, y_1), (x_2, y_2), \ldots, (x_n, y_n)$ に対する最小二乗直線 $y = ax + b$ は，次の 2 つの特徴を利用することで，計算で求めることができる．1 つ目の特徴は，最小二乗直線の傾き a が以下の式から計算できるということである．

$$a = \frac{x \text{ と } y \text{ の共分散}}{x \text{ の分散}}$$

もう一つの特徴は，最小二乗直線は必ず

$$(x \text{ の平均}, y \text{ の平均})$$

を通るということである．

ここで，実際のデータを用いて最小二乗直線を計算してみよう．表 3.1 は 5 人の新生児の身長と体重のデータを示す．

初めに身長 x の平均 $\bar{x}$ と体重 y の平均 $\bar{y}$ を求めよう．$x_1, x_2, \ldots, x_n$ の平均

表 3.1　5 人の新生児の身長と体重のデータ

身長 x	体重 y
46	2700
49	3220
50	3360
50	3500
49	3120

$\bar{x}$ は次のように求めることができる.

$$\bar{x} = \frac{\Sigma_{i=1}^{n} x_i}{n}$$

この式を用いて身長の平均 $\bar{x}$ と体重の平均 $\bar{y}$ を求めると,

$$\bar{x} = \frac{46 + 49 + 50 + 50 + 49}{5} = 48.8$$

$$\bar{y} = \frac{2700 + 3220 + 3360 + 3500 + 3120}{5} = 3180$$

が得られる. 最小二乗直線のもつ 2 つ目の特徴から, この直線が $(\bar{x}, \bar{y}) = (48.8, 3180)$ を通ることがわかった.

次に, x の分散 σ_x と, x と y の共分散 S_{xy} を求めよう. $x_1, x_2, \ldots, x_n$ の分散は次の式で求めることができる.

$$\sigma_x = \frac{\Sigma_{i=1}^{n}(x_i - \bar{x})^2}{n}$$

また, $x_1, x_2, \ldots, x_n$ と $y_1, y_2, \ldots, y_n$ の共分散は, 次の式で求めることができる.

$$S_{xy} = \frac{\Sigma_{i=1}^{n}(x_i - \bar{x})(y_i - \bar{y})}{n}$$

これらの式を用いて表 3.1 のデータで計算すると,

$$\sigma_x = 2.16$$

$$S_{xy} = 388$$

が得られる.

最後に，最小二乗直線 $y = ax + b$ のもつ1つ目の特徴から，傾き a が以下のように求まる.

$$a = \frac{388}{2.16} = 179.6$$

最小二乗直線が $(48.8, 3180)$ を通ることは既にわかっているため，あとは，$y = 179.6x + b$ に $(48.8, 3180)$ を代入することで，

$$y = 179.6x + b$$

$$3180 = 179.6 \cdot 48.8 + b$$

$$b = 5584.5$$

となり，$y = 179.6x + 5584.5$ という最小二乗直線が求まった．実のところ，図 3.1 で引いてあった $y = 194.18x - 6423$ の直線も，同じ方法で求めている.

3.3 多項式回帰と過学習

3.2 節では，目的変数 y を1つの説明変数 x で予測するために，$y = ax + b$ という直線を利用していた．とはいえ，世の中のあらゆるデータが必ず直線的関係にあるとは少し考えづらい．本節では，多項式回帰という概念を用いて，先ほどまで直線と仮定して求めていた回帰直線を，回帰曲線に拡張していく．図 3.3 のデータを見てみよう．図 3.3(a) は $y = ax + b$ と仮定して求めた回帰直線，図 3.3(b) は $y = a + bx + cx^2 + dx^3$ と仮定して求めた回帰曲線である．多項式回帰によって，より複雑なデータに対して，より正確な予測ができるようになる.

本節では，目的変数が説明変数の多項式で表せると仮定する．すなわち，$y = a + bx + cx^2 + \cdots$ という形を考える．多項式なので，図 3.3(b) のように，得られるものも回帰直線から回帰曲線に変わる．ここで重要になってくるのが，式の次数をどこまで上げるかである．図 3.3(a) は，$y = ax + b$ と仮定して求めた回帰直線である．誤差が大きく，データの特徴を捉え切れていない．このような学習不足の状態を**未学習** (underfitting) と呼ぶ．一方で，図 3.3(c)

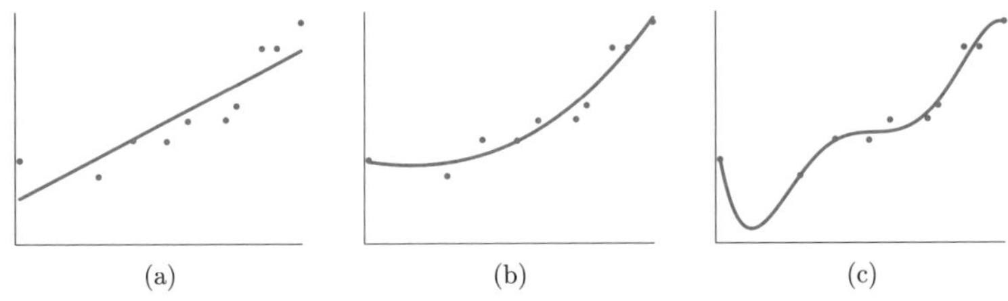

図 3.3 (a) $y = ax + b$ と仮定して求めた回帰直線. (b) $y = a + bx + cx^2 + dx^3$ と仮定して求めた回帰曲線. (c) $y = a + bx + cx^2 + \cdots + gx^6$ と仮定して求めた回帰曲線.

は, $y = a + bx + cx^2 + \cdots + gx^6$ と仮定して求めた回帰曲線である. 誤差は確かに小さいが, これはあくまで学習に使用したデータに対しての話になる. この後, 未知のデータがきた際に, 果たしてこの曲線のようなデータがくるかというと, その可能性は低そうである. このように, 学習データに対しての誤差を小さくしようとするあまり, 未知のデータに対する精度が落ちてしまっている状態を, **過学習** (overfitting) と呼ぶ. 私たちが本当に必要としているのは, これらのどちらでもなく, 図 3.3(b) のような, 適度な曲線である.

では, 適度な次数はどのように選べばよいのだろうか. これはデータによるところが大きく, 一つの方法として, 実際にいろいろな次数で試してみて, 未学習でも過学習でもない適度な次数を探していく方法がある. 未学習や過学習の見分け方である検証については次章で扱う.

3.4 ロジスティック回帰

前章での分類に引き続き, 本章では回帰について扱ってきた. 分類ではラベルを予測したのに対して, 回帰では値を予測するという違いがあった. 本節で扱う**ロジスティック回帰** (logistic regression) は, 回帰のテクニックを使って, 分類をやろうというお話である.

分類では例えばテストの点数を説明関数として, その人が「合格」か「不合格」かを分類した. ここで合格を 1, 不合格を 0 という値として捉えるとどうなるだろう. 図 3.4(a) は, 表 2.2 で扱ったとある試験の合否データを数直線上にプロットしたもので, 図 2.2 と同じものである. 図 3.4(b) は, 同じデー

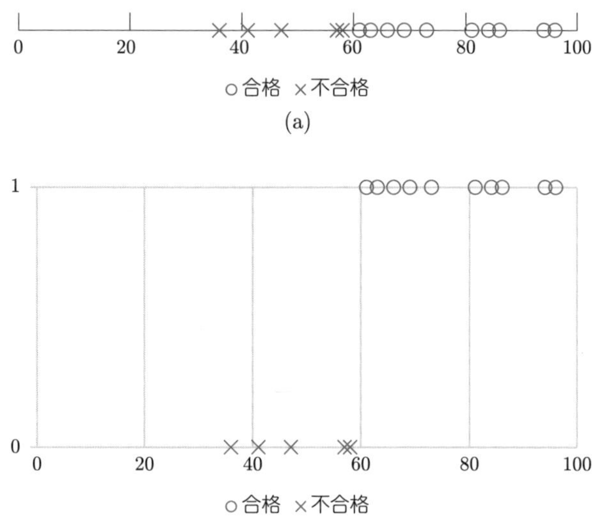

図 3.4 (a) 表 2.2 を数直線上にプロットしたもの．(b) 合格は 1，不合格は 0 として平面上にプロットしたもの．

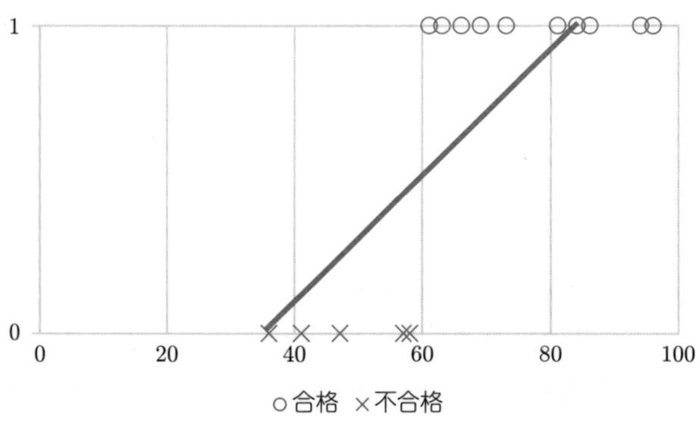

図 3.5 図 3.4 に回帰直線を引いたもの

タに対して，合格は 1，不合格は 0 として平面上にプロットしたものである．このデータに対して回帰分析を行うとどうなるだろうか．図 3.4 に回帰直線を引くと，図 3.5 のようになる．あまり精度が良いとはいえないどころか，例え

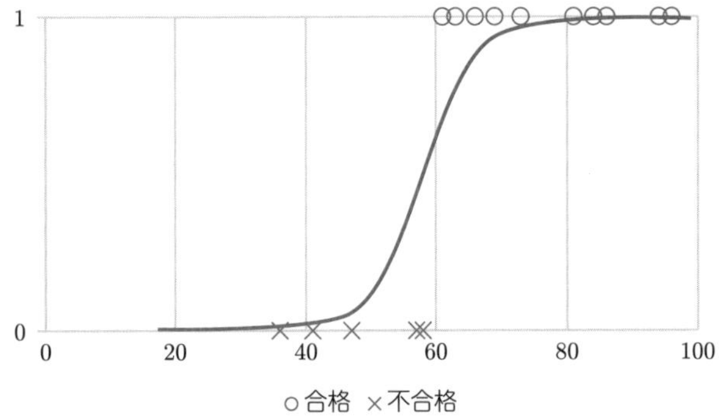

図 3.6 ロジスティック関数を利用した回帰曲線の例

ば 60 点をとると約 0.5 という値が予測されるが，これは合格だろうか，不合格だろうか．ロジスティック回帰では，このような中途半端な値を許し，0.5 は 50% の確率で合格，というように扱うことができる．試験とその合否，というよりは，模試と本番での合否，という設定の方が理解しやすいだろうか．

ここまでの回帰分析では，直線や多項式曲線を利用して値を予測してきたが，ロジスティック回帰ではどのような曲線を利用するとよいだろうか．ロジスティック回帰では，**ロジスティック関数** (logistic function) と呼ばれる，次のような曲線を利用する．

$$y = \frac{1}{1 + e^{-ax+b}}$$

ここで，e は自然対数の底（ネイピア数）を指す．図 3.6 は，先ほどのデータに対してロジスティック関数を利用した回帰曲線を描いたものである．

ロジスティック関数を使う理由はいくつかある．単調増加関数であること，負の極限が 0 で正の極限が 1 であること，そして，そのような関数の中でロジスティック関数は微分の計算が楽であることなどが挙げられる．本節の残りの部分では，いくつかのタイプのロジスティック回帰を，そのタイプごとに紹介していく．

3.4.1 二項ロジスティック回帰

二項ロジスティック回帰 (binomial logistic regression) では，その名の通

り 2 つのものを分類する．分類したい 2 つのもの，例えば「合格か不合格か」「病気を発症するかしないか」「客が品物を買うか買わないか」について，片方を 0，片方を 1 と置くことで，0 ならば不合格，1 ならば合格といったように，値を予測する回帰分析を，ラベルを予測する分類に利用できる．また，ロジスティック関数は 0〜1 の連続な値を返すので，予測された値を合格率や発症率と捉えることも可能である．

3.2 節で扱った単回帰では，二乗誤差がなるべく小さくなるように $y = ax + b$ の a と b を決めた．ロジスティック回帰でも同様にして，$y = 1/(1+e^{-ax+b})$ の a と b を決める．ロジスティック回帰では，単回帰で扱った，誤差を最小化する最小二乗法の他に，値の「尤もらしさ」を最大化する最尤法が使われることがある．すなわち，回帰曲線が実データを予測する確率が一番高くなるように a と b を決める．

3.4.2 多項ロジスティック回帰

二項ロジスティック回帰では 2 つのものを分類したが，3 つ以上に分類したい場合に利用するのがこの**多項ロジスティック回帰** (polytomous logistic regression) である．多項ロジスティック回帰では，多項ロジスティック関数を用いて値を予測する．次の式は，3 つに分類する際に利用する多項ロジスティック関数である．

$$y_1 = \frac{e^{-a_1x+b_1}}{e^{-a_1x+b_1} + e^{-a_2x+b_2} + e^{-a_3x+b_3}} \tag{3.1}$$

$$y_2 = \frac{e^{-a_2x+b_2}}{e^{-a_1x+b_1} + e^{-a_2x+b_2} + e^{-a_3x+b_3}} \tag{3.2}$$

$$y_3 = \frac{e^{-a_3x+b_3}}{e^{-a_1x+b_1} + e^{-a_2x+b_2} + e^{-a_3x+b_3}} \tag{3.3}$$

二項ロジスティック回帰では，$y = 1/(1+e^{-ax+b})$ の a と b を決めたのに対して，この多項ロジスティック回帰では，$a_1, b_1, a_2, b_2, a_3, b_3$ の値を決める．実際に未知のデータ x が与えられた際には，この式に代入することで y_1, y_2, y_3 それぞれの値が求まる．ここで，$y_1 + y_2 + y_3 = 1$ となっていることに注意しよう．したがって，晴れの確率を y_1，曇りの確率を y_2，雨の確率を y_3 といった具合に定めることで，それぞれの確率を予測できる．この合計すると 1 になる関数の集まりのことを，ソフトマックス関数と呼んだりもする．

式 (3.1)～(3.3) で表される関数は，$a_1 = b_1 = 0$ としても一般性を失わないため，次のように書くこともできる．

$$y_1 = \frac{1}{1 + e^{-a_2 x + b_2} + e^{-a_3 x + b_3}} \tag{3.4}$$

$$y_2 = \frac{e^{-a_2 x + b_2}}{1 + e^{-a_2 x + b_2} + e^{-a_3 x + b_3}} \tag{3.5}$$

$$y_3 = \frac{e^{-a_3 x + b_3}}{1 + e^{-a_2 x + b_2} + e^{-a_3 x + b_3}} \tag{3.6}$$

具体例を見てみよう．その日集中して勉強した時間を説明関数として，夕飯に何を食べたくなったかを推測することを考える．肉が食べたくなる確率を y_1，魚が食べたくなる確率を y_2，それ以外が食べたくなる確率を y_3 として，学習した結果，

$$y_1 = \frac{1}{1 + e^{-3x+4} + e^{-1x+2}}$$

$$y_2 = \frac{e^{-3x+4}}{1 + e^{-3x+4} + e^{-1x+2}}$$

$$y_3 = \frac{e^{-1x+2}}{1 + e^{-3x+4} + e^{-1x+2}}$$

という式が得られたとしよう．これを図にすると図 3.7 のようになる．この図

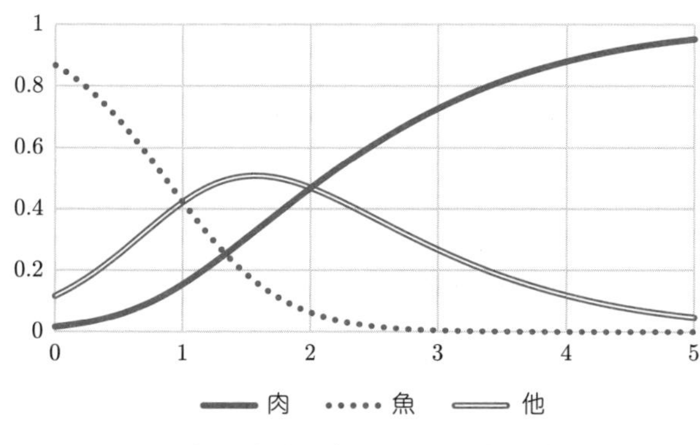

図 3.7　多項ロジスティック回帰の例

を読み取ると，例えば3時間頑張った日には，7割くらいの確率で肉が食べたくなり，魚はほとんど食べたくはならず，3割くらいの確率でそれ以外のものが食べたくなるようである．

3.4.3 順序ロジスティック回帰

次に扱う**順序ロジスティック回帰** (ordinal logistic regression) は，多項ロジスティック回帰と同様，3つ以上のラベルを推定したい場合に利用できる．ただし，例えば「軽傷」か「中傷」か「重傷」かといった具合に，ラベルに順

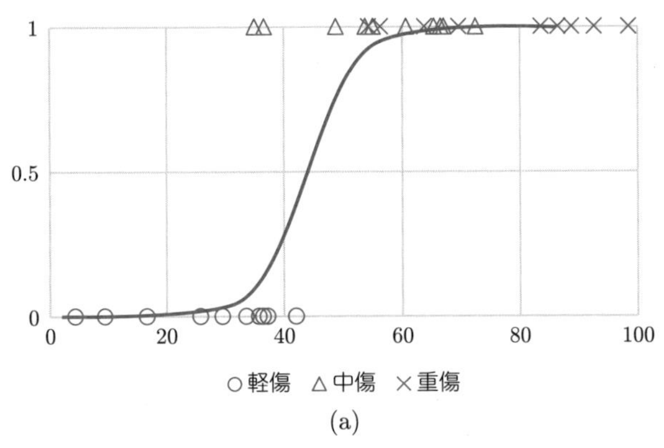

(a)

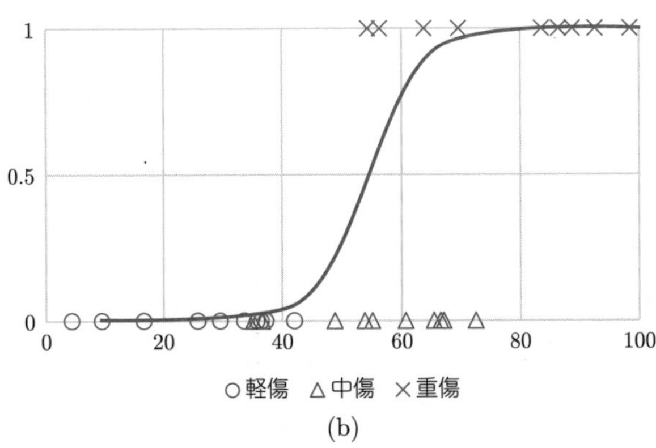

(b)

図 3.8 順序ロジスティック回帰の例（その1）

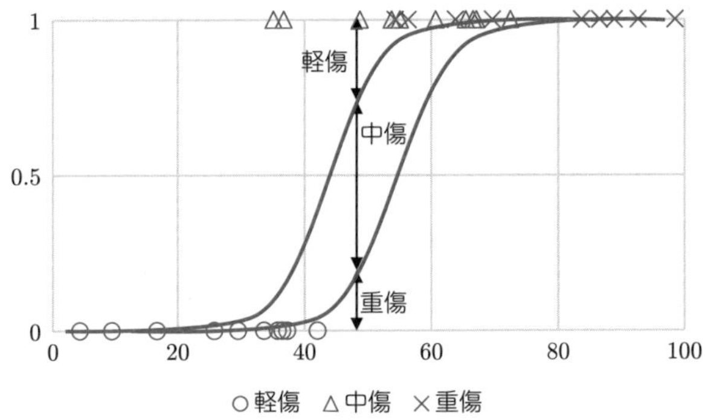

図 3.9 順序ロジスティック回帰の例（その 2）

序がある場合にのみ利用できる[1]．

「軽傷」か「中傷」か「重傷」か，を例に説明をしていく．順序ロジスティック回帰を行う方法は単純で，まず「軽傷」を 0,「中傷・重傷」を 1 として二項ロジスティック回帰を行う（図 3.8(a)）．次に,「軽傷・中傷」を 0,「重傷」を 1 として二項ロジスティック回帰を行う（図 3.8(b)）．こうして得られた 2 つのロジスティック関数を重ね合わせることで，順序ロジスティック回帰は完了する．図 3.8(a) と図 3.8(b) の 2 つのロジスティック関数を重ねると，図 3.9 のように 2 つの曲線によって，3 つのエリアに分かれていることがわかる．そのそれぞれが，軽傷・中傷・重傷それぞれの確率を示している．

3.4.4 ロジスティックという名の由来

そもそもこのロジスティックとはどういう意味の言葉なのだろうか．この言葉が初めて使われたのは，Pierre-François Verhulst 氏が 1838 年に書いたフランス語の論文「Notice sur la loi que la population suit dans son accroissement」に出てくる人口の予測に関する法則にまで遡る．この論文に登場する「ロジスティック法則」というのは，年齢別出生率・年齢別死亡率によって安定人口が推測できるというものだった．

そのようにして生まれたロジスティック関数だが，元々は生物の個体数の変

1） 順序がないものに対して利用できないわけではないが，効果的に学習できないことが多い．

化を表す関数だった．小学校の理科の実験で，ウキクサをシャーレで育てると最初は指数的に増えていたのが，シャーレがいっぱいになるにつれ増加率がだんだんと落ち，最終的に収束する，といった実験をした人もいるかもしれない．

そのような，指数的に増えると見せかけて収束してしまう，指数関数っぽいけれど指数関数ではないという意味を込めて，当時指数関数を意味した「logarithmic」という言葉を少し変えて「logistic」という言葉が生まれたらしい．

演習問題

3.1 本章で扱った回帰技術の発展によって，世界の何が変わったか論じなさい．

3.2 ここまで様々な教師あり学習を見てきた．教師あり学習は，データと「既知の答え」の対応関係を学習して，データから「未知の答え」を推測することが目的である．分類と回帰の違い，回帰を分類に利用する方法についていま一度確認し，自分の気に入った手法はどれか考えてみなさい．

3.3 教師あり学習を使いこなせるようになったら，何をしてみたいか考えてみなさい．

3.4 メロンの甘味から酸味を推測することを考える．表 3.2 のデータに対して，最小二乗誤差が最も小さくなるような回帰直線 $y = ax + b$ を求めなさい．ただし，甘味を x 軸，酸味を y 軸とすること．また，その回帰直線を利用して，甘味が 5 のときの酸味を推測しなさい．

表 3.2 メロンの甘味と酸味のデータ

甘味 (x)	酸味 (y)
6	4
7	2
7	3
9	4
3	2
5	?

3.5 式 (3.1)〜(3.3) で表される関数は，$a_1 = b_1 = 0$ としても一般性を失わないことを証明しなさい．

第4章

検　証

4.1 機械学習の性能

前章までで，教師あり学習の中でも特に分類・回帰という2種類の機械学習について，様々な手法を扱ってきた．教師あり学習では，データと「既知の答え」の対応関係を学習し，データから「未知の答え」を推測する．しかしながら，せっかく機械学習を行ったとしても，未知の答えに対する推測が間違いだらけでは意味がない．では，どれくらい正しく答えることができれば機械学習は成功したということができるだろうか．そのためにはまず，機械学習の性能の測り方を知らなければならない．本章では，実際の学習を行った結果，どれくらい正しく未知の答えを推測できるようになったのかに着目し，機械学習の性能を測る方法と，それを用いて実際に性能を試す方法についてそれぞれ扱っていく．

4.2 機械学習の性能を測る

4.2.1 条件付き確率

難しい話をする前にクイズをしよう．

クイズ 1000人に一人が感染する T という病気と，T に感染している人に使用すると 90% の確率で反応し，T に感染していない人に使用すると 90% の確率で反応しない検査薬があったとしよう.

ある日，八木山くんは T に感染しているかの検査を受けることになった. 検査薬を使ったところ反応したため，T に感染している疑いをかけられた. さて，八木山くんが T に感染している確率は何 % だろうか.

このクイズを解くために，人口 10000 人の村を考えよう. T は 1000 人に一人が感染するので，10000 人中 10 人が T に感染している. 検査薬は T に感染している人に使用すると 90% の確率で反応するので，10 人の感染者のうち，9 人には反応し，1 人には（誤って）反応しない. 逆に，検査薬は T に感染していない人に使用すると 90% の確率で反応しないので，9990 人の感染していない人のうち，999 人には間違って反応し，8991 人には（正しく）反応しない. この状況を表したものが表 4.1 である.

さて，検査の結果，検査薬が反応した人は合計 1008 人いる. この検査薬は 90% の確率で正しい結果が出ることから，一見反応したこの 1008 人の中に感染している人が 900 人以上いるということになりそうな気がしてしまうが，実際には 9 人しかいない. 90% 正しい薬を使ったはずなのに，1008 人中 999 人，99% 以上の人に対して間違った結果を出している. 不思議な感じがするのではないだろうか.

この現象には，**条件付き確率** (conditional probability) というものが深くかかわっている. ある事象 A が起こる確率を $P(A)$ で表すことにしよう. T に感染するのは 1000 人に一人なので，適当に村から一人を選んだ際に，その人が感染している確率は次のように表せる.

$$P(\text{感染している}) = 0.001 \tag{4.1}$$

表 4.1 人口 10000 人の村の検査状況

	反応する	反応しない	合計
感染している	9	1	10
感染していない	999	8991	9990
合計	1008	8992	10000

では，検査薬の反応する確率はどのように表せるだろうか．ここで登場するのが，条件付き確率である．ある事象 B が起こったときに，別の事象 A が起きる確率を $P(B \mid A)$ で表すことにしよう．検査薬は感染している人に使用すると 90% の確率で反応するので，

$$P(\text{反応する} \mid \text{感染している}) = 0.9 \tag{4.2}$$

となる．逆に，感染していない人に使用すると 90% の確率で反応しないので，

$$P(\text{反応しない} \mid \text{感染していない}) = 0.9$$

となる．

それでは，検査薬が反応した八木山くんが感染している確率はどのように表せるだろうか．反応した人が感染している確率なので，

$$P(\text{感染している} \mid \text{反応する}) \tag{4.3}$$

で表すことができる．先ほどの検査薬が正しく反応する確率が 90% ということを表した式 (4.2) と比べると，括弧の中身が前後入れ替わっていることがわかる．

括弧の中身の前後はとても大事で，例えばピアノで弾くことのできる簡単な曲にカエルの歌，難しい曲にトルコ行進曲という曲がある．トルコ行進曲を弾ける人のほとんどはカエルの歌を弾けるだろうが，同じように，カエルの歌を弾ける人のほとんどがトルコ行進曲を弾けるといえるだろうか．そう考えると，人を一人選んだ際の，カエルの歌やトルコ行進曲を弾けるかどうかの条件付き確率は

$$P(\text{カエルの歌を弾ける} \mid \text{トルコ行進曲を弾ける}) = \text{とても高い確率}$$

$$P(\text{トルコ行進曲を弾ける} \mid \text{カエルの歌を弾ける}) = \text{とても低い確率}$$

ということになりそうである．

早速式 (4.3) を計算してみよう．薬が反応した人のうち，感染した人の割合を求める必要があるが，簡単な方法の一つとして，表を書いてしまうやり方が

ある．表 4.1 をもう一度見てみよう．薬が反応した人の合計は 1008 人，薬が反応した人のうち，感染している人の人数は 9 人ということが読み取れるので，

$$P(\text{感染している} \mid \text{反応する}) = \frac{9}{1008} \fallingdotseq 0.009$$

と計算できる．90% の確率で正しく判定できるはずの薬だが，実際に反応した人の約 0.9% しか感染している人はおらず，残りの 99% 以上の人に対しては間違った判定をしていることがわかった．検査薬が反応した八木山くんも，感染している可能性は 1% 未満ということになる．

4.2.2 ベイズの定理

先ほどの条件付き確率は，**ベイズの定理** (Bayes' theorem) と呼ばれる公式を使っても求めることができる．ある 2 つの事象 A と B があった際に，以下の式が成り立つことが知られている．

$$P(B \mid A) = \frac{P(A \mid B)P(B)}{P(A)}$$

この式を利用し，A を「反応する」という事象，B を「感染している」という事象に置き換えることで，式 (4.3) の $P(\text{感染している} \mid \text{反応する})$ を計算してみよう．$P(\text{感染している} \mid \text{反応する})$ を計算するには，$P(\text{反応する} \mid \text{感染している})$，$P(\text{反応する})$，$P(\text{感染している})$ の 3 つの値が必要となる．$P(\text{反応する} \mid \text{感染している})$ は式 (4.2) で 0.9 であることが，$P(\text{感染している})$ は式 (4.1) で 0.001 であることがわかっているので，あとは $P(\text{反応する})$ を計算すればよい．

$P(\text{反応する})$ を求めるにはどうすればよいだろうか．検査薬が反応する人には 2 種類のタイプの人がいる．病気に感染していて，正しく反応する人と，病気に感染していないのに，間違って反応する人である．このそれぞれのタイプの人の割合をそれぞれ求めて合計することで，$P(\text{反応する})$ を求めていく．まず前者の場合について考える．病気に感染する確率が 0.001，感染している

人が検査薬で反応する確率は 0.9 なので，ある人が病気に感染していて，正しく反応する確率は次の式で表せる．

$$
\begin{aligned}
&P(\text{感染している} \cup \text{反応する}) \\
&= P(\text{感染している}) \times P(\text{反応する} \mid \text{感染している}) \\
&= 0.001 \times 0.9 \\
&= 0.0009
\end{aligned}
$$

次に，後者の場合について考える．病気に感染していない確率は，$(1 - 0.001 =)\,0.999$，検査薬が間違えて反応する確率は $(1 - 0.9 =)\,0.1$ なので，ある人が病気に感染していないのに，間違って反応する確率は次の式で表せる．

$$
\begin{aligned}
&P(\text{感染していない} \cup \text{反応する}) \\
&= P(\text{感染していない}) \times P(\text{反応する} \mid \text{感染していない}) \\
&= 0.999 \times 0.1 \\
&= 0.0999
\end{aligned}
$$

これら 2 つの式から，$P(\text{反応する})$ は以下のように求まる．

$$
\begin{aligned}
&P(\text{反応する}) \\
&= P(\text{感染している} \cup \text{反応する}) + P(\text{感染していない} \cup \text{反応する}) \\
&= 0.0009 + 0.0999 \\
&= 0.1008
\end{aligned}
$$

このようにして，$P(\text{反応する} \mid \text{感染している})$，$P(\text{感染している})$ に加えて $P(\text{反応する})$ の値が無事に求まったので，ベイズの定理を使って $P(\text{感染している} \mid \text{反応する})$ を計算すると，

$$
\begin{aligned}
&P(\text{感染している} \mid \text{反応する}) \\
&= \frac{P(\text{反応する} \mid \text{感染している}) \times P(\text{感染している})}{P(\text{反応する})} \\
&= \frac{0.9 \times 0.0001}{0.1008} \\
&\fallingdotseq 0.009
\end{aligned}
$$

となり，4.2.1 項と同じ値を求めることができた.

4.2.3 再現率と適合率

4.2.2 項まででは，正解率の高い検査薬を使ったとしても，必ずしも反応した人が感染している確率が高くなるとは限らないという例を見てきた．これと同じことは機械学習でも起こる．実際，先ほどの病気にかかる人は 1000 人に一人なので，未知の人物のどの判定にも，「感染していない」と答えてしまえば，99.9% の人に対して正解することができる．ところがその方法では，感染している人に対して正しく感染していると判断できる可能性は 0% となってしまう．誰もがこのような検査は望まないだろう．このように，ただ単に正解率だけをもとに機械学習の良し悪しを判断することはできない.

本項では，実際に機械学習の性能を測るための指標について扱っていく．まずはいくつか言葉の定義を先ほどの検査薬の例を用いて見ていこう.

■ 正解率

正解率 (accuracy) はその名の通り，機械学習を行った結果，未知のデータに対して正しく予測することのできた割合である．精度と呼ばれることもある．表 4.1 より，検査を受けた 10000 人に対して正しく予測できているのは，感染していて反応した 9 人と，感染しておらず反応しなかった 8991 人の合計 9000 人なので，

$$
\frac{9 + 8991}{10000} = 0.9
$$

となり，この検査薬の正解率は 90% ということになる.

■ 再現率

再現率 (recall) は，本当に感染している人を，正しく感染していると予測できた割合である．感度 (sensitivity) と呼ばれることもある．表 4.1 では，感染している 10 人のうち，9 人に対して正しく反応している．したがって，

$$\frac{9}{10} = 0.9$$

となり，この検査薬の再現率は 90% ということになる．

似たような考えのものに特異度 (specificity) がある．こちらは，感染していない人を正しく感染していないと予測できた割合である．表 4.1 では，感染していない 8992 人のうち，8991 人に対して正しく反応しなかったので，

$$\frac{8991}{8992} \fallingdotseq 0.9999$$

となり，ほぼ 100% の特異度ということになる．

■ 適合率

適合率 (precision) は，感染していると予測したうち，本当に感染していた人の割合である．表 4.1 では，1008 人に反応したが，その中で実際に感染していたのは 9 人なので，

$$\frac{9}{1008} \fallingdotseq 0.009$$

となり，この検査薬の適合率はかなり低く，約 0.9% ということになる．

■ F 値

ここまで様々な指標を紹介してきたが，結局のところどの指標を使うとよいのだろうか．実際のところ，再現率と適合率は，一方を良くしようとすると，もう一方が悪くなるというトレードオフの関係にあることが多く，両方を同時に大きくすることはできない．そこで大事になるのが，利用目的に応じて使い分けることである．

例えば病気の健康診断であれば，病気でない人を病気と予測しても，精密検査で病気ではなかったとわかれば安心で済むが，本当は病気にかかっているの

に病気でないと判断されてしまうと，重篤な患者を見逃してしまうことにもなりかねない．したがって，病気の人を正しく病気と予測できる再現率が大事になってくる．一方で Web 検索のような場面では，検索したい言葉に関係のないサイトばかり見つけてしまうと使い物にならないため，適合率が大事になってくる．このように，もれなく網羅的にヒットさせたい場合には再現率が大事になり，適切なものを重点的にヒットさせたい場合には適合率が大事になる傾向がある．

しかしながら，先ほどの例で扱った検査薬のように，再現率が 90% もあるのに対して適合率が 1% 未満というのはバランスが悪そうに見える．ちなみに，実際に病院で使われているインフルエンザのある検査薬は表 4.2 のような正解率・再現率・適合率になっている．どのような状況なら，再現率と適合率のバランスが良いといえるだろうか．ここで出てくるのが，F 値というものである．

F 値 (F-measure) は次の式のように，再現率と適合率の調和平均で求められる．

$$\text{F 値} = \frac{2 \times \text{再現率} \times \text{適合率}}{\text{再現率} + \text{適合率}}$$

F 値が 0 に近いほどバランスが悪く，F 値が 1 に近いほどバランスが良い状態を表す．この F 値を利用することで，再現率と適合率のちょうどいい場所を探すことができる．先ほど紹介した検査薬の F 値を求めると，表 4.2 のようになる．実在する検査薬の F 値に比べて，クイズに出した架空の検査薬は F 値が 0.018 と低くなっており，やはりバランスが悪かったようである．

表 4.2 ある検査薬の正解率・再現率・適合率・F 値

	正解率	再現率	適合率	F 値
架空の検査薬	90.0%	90.0%	0.9%	0.018
実在する検査薬 A	89.0%	94.2%	83.3%	0.884
実在する検査薬 B	92.2%	64.3%	90.0%	0.750

4.3 機械学習の性能を試す

ここまで，機械学習の性能の測り方について紹介してきた．以降は，実際にその測り方を使って測定する場合について考えてみよう．教師あり学習はデータと「既知の答え」の対応関係を学習し，データから「未知の答え」を推定するものだった．以下では，答えのわかっているデータのことを学習データ，答えのわかっていないデータのことを検証データと呼ぶ．

機械学習の性能は，再現率や適合率などを求めることで測定できる．実際に測る際には，まず機械学習を用いて学習データから学習し，実際に検証データに対して学習結果を使用することで，その再現率や適合率を測定できる．

しかし，実際のところ検証データがすぐに手に入るとは限らない．学習データを頑張って集め，機械学習を行い，いざ検証をしようという段階になって，また検証データを頑張って集めなければいけないのは少し大変である．

この章では，その問題を解決するために，学習データの一部を検証データに利用する方法を紹介する．

4.3.1 ホールドアウト法

学習データのみで機械学習の性能を試す方法のうち，最も単純なものがこの**ホールドアウト法** (hold-out method) である．ホールドアウト法では，学習データを 2 つに分けて，その片方で学習して，もう片方で検証を行う．ちょうど半分に分けるだけでなく，学習用に 8 割，検証用に 2 割といった具合に，好きな割合で分けて検証を行うことができる．図 4.1 はホールドアウト法の概略図である．

方法自体はとても単純であるが，検証用のデータを多くすると，学習に使えるデータが少なくなって精度がデータ数の不足により落ちてしまう可能性があったり，逆に学習に使うデータを多くすると，検証に利用するデータ数が少な

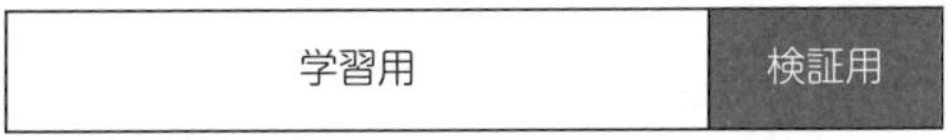

学習用	検証用

図 4.1 ホールドアウト法の概略図

くなって検証自体の精度に問題が出てきたりする場合もあるため，準備できた学習データの数が少ない場合には注意が必要である．したがってホールドアウト法は特にデータ数が多いときに有効な方法として知られている．

4.3.2 交差確認法

交差確認法 (cross-validation method) は，ホールドアウト法を改良した方法の一つである．交差確認法では，学習データをまず複数のグループに分ける．そして，各グループを順番に選び，それ以外で学習して，選んだグループで検証する，ということを繰り返す．具体的には，例えば学習データを m 個に分け，$m-1$ 個のグループで学習を行い，残りの 1 グループで検証することを m 通り試し，その平均を性能とする．図 4.2 は交差確認法の概略図である．

交差確認法はホールドアウト法より正確に検証できるが，データ数やグループ数が多いと時間がかかってしまうという欠点がある．

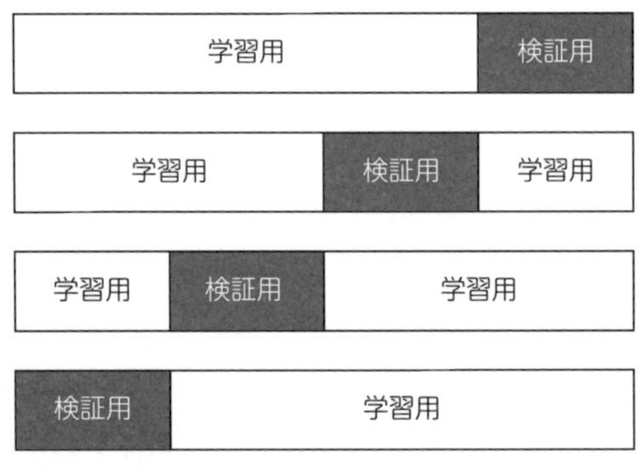

図 4.2 交差確認法の概略図

4.3.3 1 つ抜き法

交差確認法の特殊な場合に，**1 つ抜き法** (leave-one-out method) というものがある．1 つ抜き法では，学習データをその学習データの個数分のグループに分けて，交差確認法を行う．したがって，各グループは 1 つのデータからなるので，1 つのデータを除いたすべてのデータで学習し，除いた 1 つのデータで検証を行う，という操作をデータの個数分繰り返す．

4.3.4 ブートストラップ法

ブートストラップ法 (bootstrap method) は，元々統計手法の一種で，データの一部からデータのすべてを予測する方法である．学習データから未知のデータを予測するという性質にピッタリで，機械学習でも重宝されている．

ブートストラップ法は，学習データから重複を許していくつかのデータを選び，その選んだデータで学習を行う方法である．選ぶデータの個数は自由に決められるが，学習データの個数分を選んで行うことが多い．重複を許しているため，データの個数分選択したとしても，3〜4 割ほどのデータは選ばれないことになる（サイコロを 6 回振っても，すべての数字が出るとは限らないのと同じ）．

元々の学習データで学習した結果と，このブートストラップ法で作成したデータで学習した結果を比べることで，過学習を行っていないかなどを客観的に知ることもできる．

演習問題

4.1 赤玉 2 個と白玉 2 個の合計 4 個の玉が入った袋から，1 つずつ玉を取り出していく操作を，袋の中の赤玉がなくなるまで繰り返す．赤玉がなくなった時点で袋の中に残っている白玉の個数の期待値を求めなさい．数がもっと多い場合，例えば赤玉が 100 個と白玉が 100 個だった場合に，何が起こるか考察しなさい．

4.2 メロンとレモンが 100 個ずつある．ある分類学習器を使ってそれらをメロンとレモンに分類したところ，表 4.3 のようになった．この学習器が正しくメロンを判定できる，再現率・適合率・F 値を求めなさい．

表 4.3 メロンとレモンの分類結果

	メロンと判定	レモンと判定	合計
メロン	80	20	100
レモン	40	60	100
合計	120	80	200

4.3 前問 4.2 の学習器が正しくレモンを判定できる，再現率・適合率・F 値を求めなさい．また，前問 4.2 の解答と比較し，値の違いについて考察しなさい．ただし，レモンと思って食べてみたら本当はメロンだったら嬉しいが，メロンと思って食べてみたら本当はレモンだったら驚いてしまって嬉しくない，という仮定を置いてよい．

4.4 サイコロを 6 回振った際に，出ない目の種類の数の期待値を求めなさい．サイコロの面が多かった場合，例えば 100 面のサイコロがあった場合，同様のことを考えると何が起こるか考察しなさい．

4.5 6 つすべての目が最低 1 回出るまでサイコロを連続で振ることを考える．何回くらい振る必要があるか直感で想像した上で，実際に振る回数の期待値を求めなさい．思っていたより多かったか少なかったか．

第 II 部

教師なし学習

第5章 クラスタリング

5.1 クラスタリングとは

機械学習は大きく分けて，教師あり学習・教師なし学習・強化学習の３つがあり，ここまで教師あり学習について扱ってきた．ここからは２つ目の教師なし学習 (unsupervised learning) について扱う．教師あり学習とは，答えがわかっている学習データをもとに学習を行い，答えのわかっていない未知のデータに対して答えを予測するというものだった．それに対して教師なし学習では，そもそも答えのわかっているデータが存在しない．答えのないデータから，データ同士の関係を学習し，特徴の似たグループにデータを分けたり，余計な情報を省いてデータを圧縮したりするのが教師なし学習である．

本章では，そのような教師なし学習の一つであるクラスタリングについて扱っていく．**クラスタリング** (clustering) とは，与えられたデータを似たもの同士に分割することである．似たもの同士というのは，共通の特徴をもっているとか，類似度が高いといったことで表現できる．ここで注意したいのが，教師なし学習では与えられるデータに答えはないということである，すなわち，グループの特徴そのものを見つけられるわけではない．例えば，データとしてリンゴ・バナナ・ミカンの写真がたくさん与えられたとして，きちんとクラスタリングができれば，リンゴの写真のデータだけをもつようなグループに分けることができる．しかし，コンピュータはそのグループの写真に写っているものがリンゴであるということを知っているわけではなく，あくまで似たものを集めた 1 つのグループとしか理解していない．したがって，クラスタリングによって得られたグループの解釈は，後から人間が行う必要がある．

クラスタリングという言葉自体は古くから使われ，1930 年代には，人類学や心理学の分野で既に利用されていた．クラスタリングが情報の分野で利用されるのは，1990 年代になってからである．例えば，1990 年 8 月のニューヨークタイムズのすべての記事でクラスタリングを実行したところ，8 つのグループに分けることができたらしい．それらのグループを人間が解釈したところ，教育・国内・イラク・芸術・スポーツ・石油・ドイツ統合・裁判という 8 つのジャンルにおおむね分かれていたそうである．

クラスタリングの手法は大きく 2 種類に分けられる．**階層的手法** (hierarchical method) と**非階層的手法** (non-hierarchical method) である．さらに，階層的手法の中には**ボトムアップ型**と**トップダウン型**の 2 つがある．ボトムアップ型は，**凝集型** (agglomerative) とも呼ばれており，初めはすべてのデータが別々のグループだと仮定した上で，近いデータ同士を同じグループとする，という操作を繰り返すことで似たもの同士が同じグループになるようにしていく．図 5.1 は階層的手法（ボトムアップ型）の動作例である．一方で，ト

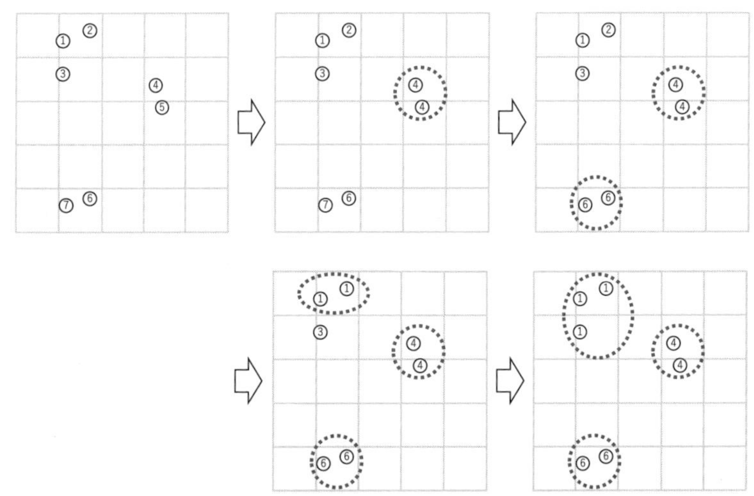

図 5.1 階層的手法（ボトムアップ型）の動作例

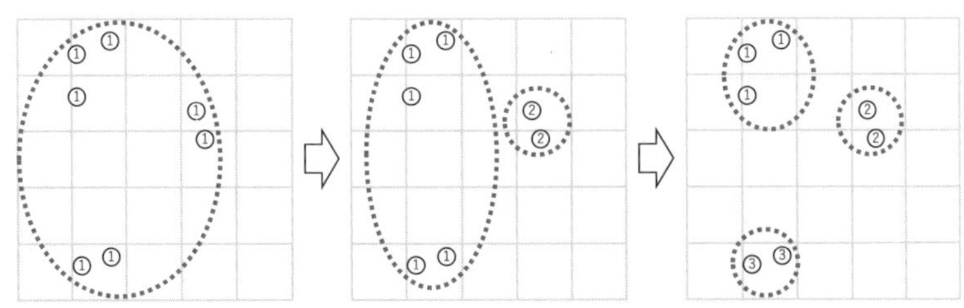

図 5.2 階層的手法（トップダウン型）の動作例

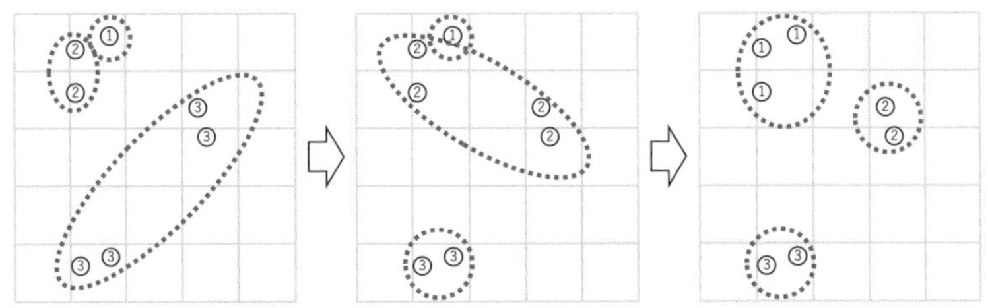

図 5.3 非階層的手法の動作例

ップダウン型は**分裂型** (divisive) とも呼ばれており，初めはすべてのデータが同じグループだと仮定した上で，遠いデータ同士になるように 2 つのグループに分ける，という操作を繰り返すことで，似たもの同士だけが同じグループになるようにしていく．図 5.2 は階層的手法（トップダウン型）の動作例である．

もう一方の非階層的手法では，グループ分けを一度仮に決めた後で，より良いグループ分けを探して改良するという操作を繰り返すことで，最終的に良いグループ分けにたどり着くことを目指す手法である．図 5.3 は非階層的手法の動作例である．

本章の残りの部分では，これらの手法について順番に解説していく．

5.2 階層的クラスタリング（ボトムアップ型）

本節では図 5.1 に示した，階層的手法（ボトムアップ型）について扱っていく．ボトムアップ型のクラスタリングの動作は以下の通りである．

(1) すべてのデータを別のグループに分ける．
(2) 最も近いグループのペアを探し，グループ同士を結合する．
(3) 全体が１つのグループになるまで (2) を繰り返す．

ここで，最終的にすべてのデータが１つのグループになってしまっていることに着目しよう．クラスタリングを行う上で，１つのグループになってしまうのでは意味がないと感じた人もいるかもしれないが，実はこれでまったく問題ない．なぜかというと，ボトムアップ型のクラスタリングでは，初めはデータの数の分だけグループが存在していたが，結合を１回行うたびにグループの数が１つずつ減っていく．このように，途中経過が階層的になっているため，全体が１つのグループになった後で，最も「いい感じ」にグループ分けされているグループ数を後から選ぶことができる．これは後ほど扱う非階層的手法ではできないことであり，階層的手法の利点の一つといえる．

5.2.1　樹形図

階層的クラスタリングの別の利点に，**樹形図** (dendrogram) を作成できるという点がある．これも途中経過が階層のようになっているためにできることである．図 5.4 は，図 5.1 に基づく樹形図である．図 5.1 では，まず④と⑤のデ

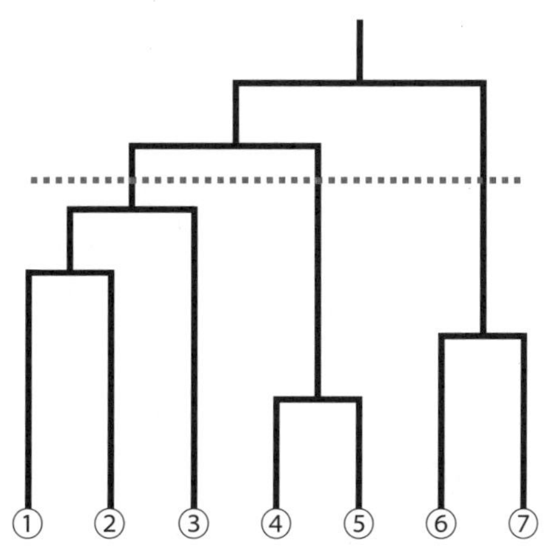

図 5.4　図 5.1 に基づく樹形図

ータが結合され，次に⑥と⑦のデータが結合されていた．この過程は，図 5.4 のように木の形で描画することができる．樹形図を作成した上で，適切な位置に横線（図 5.4 の点線）を引くことで，各グループごとの木に分けることができる．点線を引く位置を変えることで，異なるグループ数に分けられることに注意しよう．樹形図を作成した後で点線の位置を決められることは，先ほど述べたグループ数を後から選ぶことに対応している．

また，樹形図上で結合される高さを，後ほど説明するグループ同士の距離とすることで，グループごとの類似度を視覚的に表現することも可能となる．

5.2.2 グループ同士の距離

ボトムアップ型のクラスタリングの2つ目のステップは「最も近いグループのペアを探し，グループ同士を結合する」というものだった．この「最も近いグループのペア」というのは，どのようなグループを指すのだろうか．これを定義するためには，グループ同士の距離と，データ同士の距離の2つを定義する必要がある．一言にグループ同士の距離やデータ同士の距離といっても，いろいろな考え方がある．距離の定義によって，クラスタリングの結果も変わるため，その選び方も重要になってくる．ここではまずグループ同士の距離について扱っていく．

図 5.5(a) は**最短距離法** (minimum-distance method) と呼ばれるものである．最短距離法は，2つのグループに含まれるデータ同士のうち，最も距離の近い2点の距離をグループ同士の距離とする定義である．短い距離のデータ同士が1組でもあれば結合するという特徴から，単リンク法 (single-linkage method) と呼ばれることもある．この方法は，計算時間が速いことが知られているが，一番近いデータ同士以外のデータはすべて無視するため，1つのグループが次々とデータを自分のグループに結合し続けてしまう鎖効果と呼ばれる現象が起こってしまうことがあり，クラスタリングがうまくいかない場合がある．

図 5.5(b) は，**最長距離法** (maximum-distance method) と呼ばれるものである．先ほど説明した最短距離法とは逆で，最長距離法は2つのグループに含まれるデータ同士のうち，最も距離の遠い2点の距離をグループ同士の距

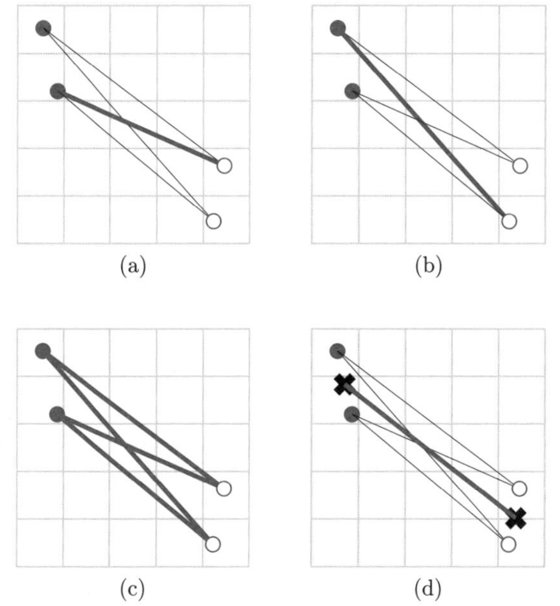

図 5.5 グループ同士の距離．(a) 最短距離法．(b) 最長距離法．(c) 群平均法．(d) 重心法．

離とする定義である．最短距離法が単リンク法と呼ばれていたのに対して，最長距離法は完全リンク法 (complete-linkage method) と呼ばれることもある．最長距離法では，グループが大きくなるにつれて他のグループとの距離が大きくなりやすくなるため，大きなグループは結合されにくくなるという性質がある．この性質は拡散現象と呼ばれ，先ほどの鎖効果は起こりづらくなり，各グループの大きさが同程度になりやすくなるが，他のデータとかけ離れたデータ（外れ値）があった場合に，クラスタリングがうまくいかないことがある．

図 5.5(c) は**群平均法** (group-average method) と呼ばれるものである．群平均法は，2 つのグループに含まれるデータ同士のすべての組合せの距離の平均をグループ同士の距離とする定義である．最短距離法や最長距離法では，データ同士のうち 1 組のデータのペアに着目したのに対して，群平均法ではすべてのデータ間の距離に着目する．そのため先ほどまで問題としていた鎖効果や拡散現象は起こりづらくなるが，着目するデータ数が増える分だけ計算にも時

間がかかる．

図 5.5(d) は**重心法** (centroid method) と呼ばれるものである．それぞれのグループに含まれているデータの重心同士の距離をグループ同士の距離とする定義である．すべてのデータに着目するという点で群平均法と似ているが，必ずしも同じ結果になるとは限らない．

グループ同士の距離の定義は他にもいろいろとある．例えば，すべてのグループの組に対して結合を試してみて，その中でより良いものを選ぶ方法が数多く知られている．結合後のより良さの指標として，分散だったり，エネルギーだったり，あるいはグラフの次数だったりと，様々なものが考案されている．本書ではそれらの一つひとつを詳しくは扱わないが，その中でもウォード法 (Ward's method) と呼ばれる方法について触れる．ウォード法は 1963 年に Joe H. Ward, Jr. 氏が考案した方法で，結合をする前と後で，各グループの分散（データの重心とそれぞれのデータとの距離の 2 乗の合計）が，最も増加しないグループの組を結合していく方法である．計算に時間はかかるが性能は高く，広く利用されている．

5.2.3 データ同士の距離

次にデータ同士の距離の定義について扱っていく．こちらも，5.2.2 項で扱ったグループ同士の距離と同様，様々な定義があり，その定義の選び方によって，クラスタリングの結果も変わってくる．

初めに，距離とは何かをおさらいしよう．空間上の 2 点 x, y 間の距離を $d(x, y)$ で表すことにする．距離の公理は次の 4 つである．つまり，距離の定義はすべて次の 4 つの条件を満たしていることになる．

非負性 $d(x, y) \geq 0$

非退化性 $x = y$ のとき，かつそのときに限り $d(x, y) = 0$

対称性 $d(x, y) = d(y, x)$

三角不等式 $d(x, y) + d(y, z) \geq d(x, z)$

ここからは，いくつかの距離の定義を紹介する．簡単のため，2 次元の場合の，(x_1, y_1) と (x_2, y_2) の間の距離について扱っていく．3 次元以上の場合についても同様に定義することができるが，本書では扱わない．

ユークリッド距離 $\sqrt{(x_1 - x_2)^2 + (y_1 - y_2)^2}$

皆さんが普通に生活している中で距離という言葉を使った場合，このユークリッド距離 (Euclidean distance) を指していることがほとんどである．いわゆる，ものさしで測ることのできる距離である．図 5.6(a) はユークリッド距離の例である．点線の長さがユークリッド距離になっている．原点からユークリッド距離が 1 となる場所で線を引くと，図 5.6(b) のようになる．

クラスタリングで距離を比べる際には，距離の大小さえわかればよいため，ユークリッド距離の 2 乗の値で比較することで，時間のかかりがちなルートの計算を省くこともできる．

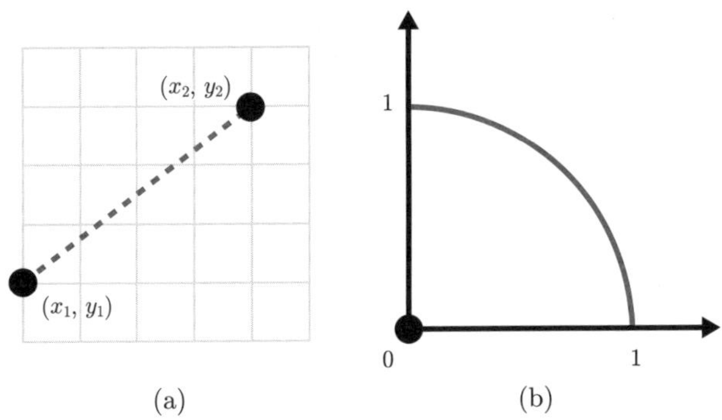

図 5.6 (a) ユークリッド距離の例．点線の長さがユークリッド距離になっている．(b) 原点からユークリッド距離が 1 となる場所を示している．

マンハッタン距離 $|x_1 - x_2| + |y_1 - y_2|$

マンハッタン距離 (Manhattan distance) は，各変数の差の合計を距離とする定義である．別の見方をすると，ある点からある点まで，縦と横にしか進めない状態で移動した際の移動距離となる．将棋の飛車やチェスのルークが，あるマスからあるマスまで最短で移動する際の移動距離と聞くとわかりやすい人もいるかもしれない．図 5.7(a) はマンハッタン距離の例である．点線の長さがマンハッタン距離になっている．また，原点から

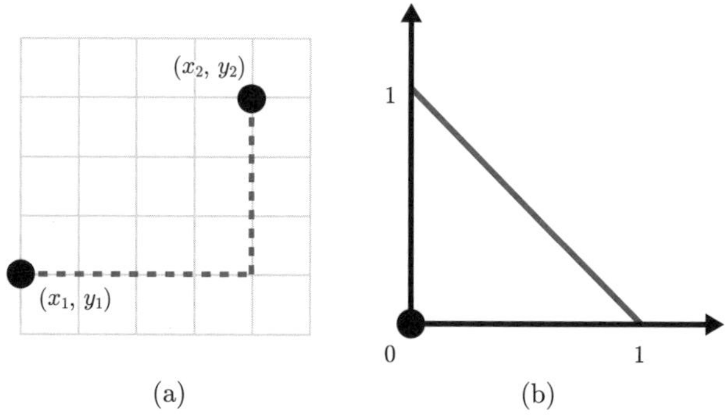

図 5.7　(a) マンハッタン距離の例．点線の長さがマンハッタン距離になっている．(b) 原点からマンハッタン距離が 1 となる場所を示している．

マンハッタン距離が 1 となる場所で線を引くと図 5.7(b) のようになる．

この距離は，マンハッタンの町の道路が碁盤目状に並んでいることから名付けられた．無理やり日本語で表現すると京都距離や札幌距離だろうか．

チェビシェフ距離 $\max(|x_1 - x_2|, |y_1 - y_2|)$

チェビシェフ距離 (Chebyshev distance) は，各変数の差の最大値を距離とする定義である．差が一番大きい変数以外は無視するような定義になっている．別の見方をすると，距離を知りたい 2 点を頂点とするように，

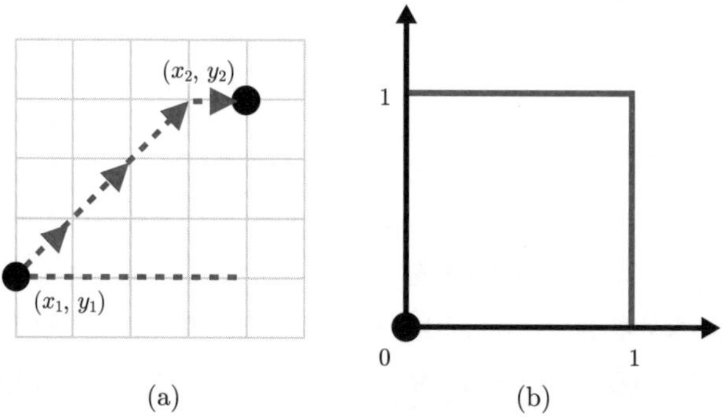

図 5.8　(a) チェビシェフ距離の例．点線の長さがチェビシェフ距離になっている．(b) 原点からチェビシェフ距離が 1 となる場所を示している．

軸と平行な線で長方形を作った際の，長い方の辺の長さとなる．将棋の王将やチェスのキングがいまいるマスから別のあるマスまで最短で移動する際の移動距離ともいえる（ユークリッド距離では斜めの移動は $\sqrt{2}$ 倍の距離になるが，チェビシェフ距離では縦横の移動と同じ距離になることに注意しよう）．図 5.8(a) はチェビシェフ距離の例である．点線の長さ 4 がチェビシェフ距離になり，将棋の王将のようにたどると矢印のように 4 手で移動できる．また，原点からチェビシェフ距離が 1 となる場所で線を引くと，図 5.8(b) のようになる．

ミンコフスキー距離 $(|x_1 - x_2|^p + |y_1 - y_2|^p)^{1/p}$

ミンコフスキー距離 (Minkowski distance) は，p を 1 以上の任意の数に設定することで，様々な距離を表すことができる定義である．特に，ここまで紹介した 3 つの距離すべての一般化になっており，$p = 2$ とするとユークリッド距離と等しく，$p = 1$ とするとマンハッタン距離と等しく，$p = \infty$ とするとチェビシェフ距離と等しくなる．

マハラノビス距離

ここまでで紹介してきた距離は，どれもすべての変数に対して距離は同一に扱われていた．すなわち，x 軸方向と y 軸方向で同じだけ離れていれば，同じ距離として扱っていた．しかし，実際のデータの中には，そのような扱いが適さないものも存在する．

図 5.9(a) は，縦方向に散らばったデータの例である．実はこのような場合に，マハラノビス距離 (Mahalanobis distance) が有効になる．図 5.9(b) を見てみよう．四角と三角で表した 2 つのデータのうち，どちらかを黒マルのグループに結合したいとしよう．直感的には三角が黒マルと同じグループに入りそうだが，ユークリッド距離で比較すると四角の方が重心から近くなる（黒マルのグループの重心はバツの位置である）．

マハラノビス距離では，相関の強い方向の距離を，ユークリッド距離に比べて短く扱うことができる．つまり，ある点から等距離の場所を考えると，ユークリッド距離では円になったが，マハラノビス距離では楕円になる．これによって，データが散らばっている方向にはある程度離れていても近いものとして扱えるため，例えば先ほどの図 5.9(b) のようなデータ

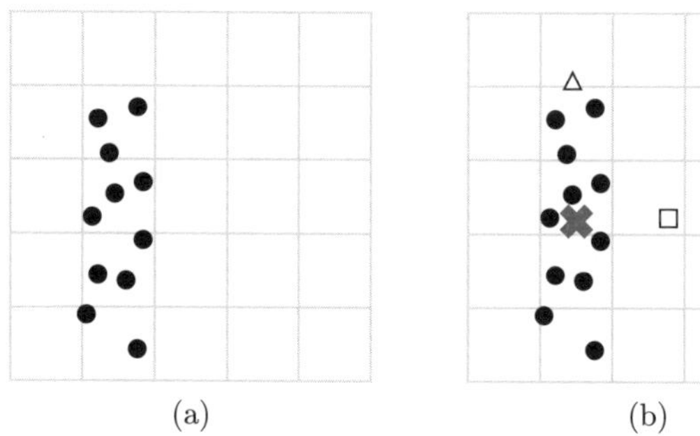

図 5.9 (a) マハラノビス距離が有効な，縦方向に散らばったデータの例．(b) 黒マルのグループの重心をバツで表している．四角と三角のデータのどちらかを黒マルのグループと結合したい．直感的に三角が黒マルと同じグループに入りそうだが，ユークリッド距離で比較すると四角の方が重心から近い．

に関しても，正しく三角のデータをより近いデータと認識できるようになる．

類似度を利用する方法

その他の距離の定義として，類似度を利用する方法がある．原点から見たベクトルの角度に着目し，角度が近いほど距離が近いと定義するコサイン類似度 (cosine similarity) や，相関が近いほど距離が近いと定義する相関係数 (correlation coefficient) などが知られている．

5.2.4 最近点対問題

ここまで様々な距離の定義を見てきた．クラスタリングの動作は，最も近いグループのペアを探し，グループ同士を結合する，という操作を繰り返すため，残る疑問は，一体どうやって一番近い点のペアを見つけるのかということである．この問題は**最近点対問題** (closest pair problem) として知られ，様々な研究がされてきた．本項では，その最近点対問題を解くアルゴリズムについて，2 次元，ユークリッド距離の場合を例に動作を紹介する．

それでは，2 次元の場合の最近点対問題を定義しよう．

最近点対問題

2 次元平面上の n 個の点 $(x_1, y_1), (x_2, y_2), \ldots, (x_n, y_n)$ が与えられた際

に，最も距離の近い点のペア $(x_i, y_i), (x_j, y_j)$ 見つける問題.

最初に，素朴な方法を考えてみよう．一番単純な方法として，次のようなアルゴリズムが思いつく.

(1) すべてのペアに対して距離を計算する.
(2) その中で一番近かったペアを選択する.

もちろんこの方法によって，私たちの求めたい最も距離の近いペアを見つけることはできる．しかし，2 点のペアは全部で $O(n^2)$ 通りあるため，すべての 2 点対間の距離を求めるには $O(n^2)$ 時間かかってしまう.

この項の残りの部分では，分割統治法を用いて最近点対問題を解く $O(n \log n)$ 時間のアルゴリズムを紹介する．$O(n^2)$ 時間が $O(n \log n)$ 時間に改良されているが，これがどれくらいすごいかというと，データの数 n がたった 1000 個だったとしても，ざっくりと 100 倍の速さで動作することになる.

分割統治法は，以下の 3 ステップで成り立つアルゴリズムのことだった.

(1) **分割** 大きいサイズの問題を小さいサイズの問題に分ける.
(2) **統治** 小さいサイズの問題をそれぞれ解く.
(3) **合成** 小さいサイズの問題の解を利用して全体の解を求める.

分割統治法がどのようなアルゴリズムかという詳細は，1.2.7 項で扱っている.

分割統治法では，まず問題を小さいサイズに分割する．このアルゴリズムでは，問題に含まれているデータを左右半々で 2 つに分割するという操作を，各問題に含まれているデータの数が 3 個以下になるまで繰り返す．きちんと定義すると，与えられた問題には n 個のデータが含まれているが，そのデータのうち，x 軸の小さい順に $n/2$ 個のデータのみからなる問題と，それ以外のデータのみからなる問題に分割する．次の分割された 2 つの問題それぞれに対して，さらに半分のデータ数になるように分割を行う操作を繰り返す．最終的に $O(\log n)$ 回の分割を経て，$O(n)$ 個の小さな問題に分割されることになる．図 5.10 は分割の操作を図にしたものである．図 5.10(a) は 8 個のデー

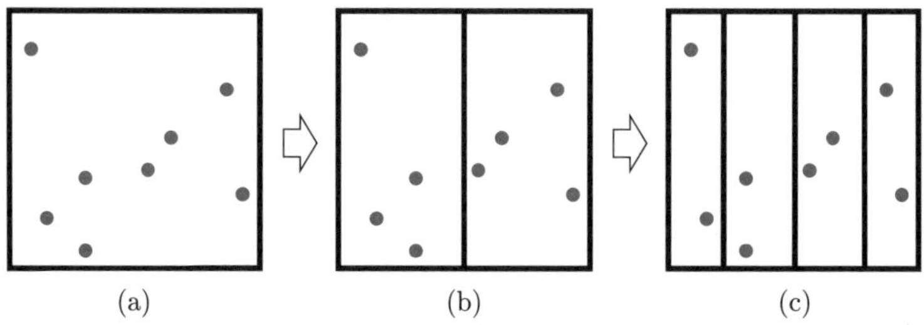

図 5.10 (a) 8 つのデータからなる最近点対問題の例．(b) (a) を分割した 2 つの問題．各問題は 4 つずつのデータからなる．(c) (b) のそれぞれの問題をさらに分割した 4 つの問題．各問題のデータの個数が 3 以下になったため，これで分割は完了する．

タからなる最近点対問題の例である．この問題を 1 回分割すると図 5.10(b) のようになる．図 5.10(b) では，左右それぞれの分割された 2 つの問題が 4 個ずつのデータを含んでいる．これらの問題をさらに分割すると図 5.10(c) のようになる．これら 4 つの問題のデータの個数はそれぞれ 3 個以下になったため，これで分割は完了となる．

分割統治法の次のステップは統治である．すなわち，小さいサイズの問題をそれぞれ解くことになる．データの数が 3 個以下になるまで問題は分割されているので，もしデータの数が 2 個であれば，最も近い点のペアはその 2 点であり，データの数が 3 個であれば，3 通りすべてのペアを試すことで最も近いペアを定数時間で見つけることができる（3 個以下になった時点で分割を止めているため，データの個数が 1 個の問題はないことに注意しよう）．

この分割統治法のアルゴリズムでポイントとなるのが，最後の合成である．左半分のデータの中で距離が最短のペアと，右半分のデータの中で距離が最短のペアがわかっていたとして，どのようにしたら両方のデータの中で距離が最短のペアを見つけることができるだろうか．両方のデータの中で距離が最短となるペアは，次の 3 つのうちいずれかである．

(1) 左半分のデータ同士のペア（図 5.11(a)）
(2) 右半分のデータ同士のペア（図 5.11(b)）
(3) 左半分のデータと右半分のデータのペア（図 5.11(c)）

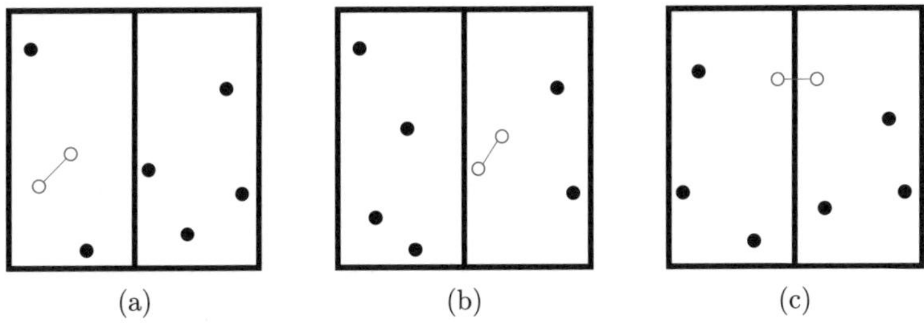

図 5.11 (a) 左半分のデータ同士のペアが解となる例．(b) 右半分のデータ同士のペアが解となる例．(c) 左半分のデータと右半分のデータのペアが解となる例．

このうち，左半分のデータ同士のペアと右半分のデータ同士のペアに関しては，既に求まっている合成前の問題に対する解が該当する．問題となるのは，左半分のデータと右半分のデータのペアが最短となる場合であるが，そのようなペアの組合せは $O(n^2)$ 通りある．したがって，単純にそのようなペアすべての組合せに対して距離を確認していると，やはり $O(n^2)$ 時間がかかってしまう．ところが，実は次の 2 つの事実を利用することによって，確認しなければならないペアの数を $O(n)$ に抑えられる．

事実 1 既に求まっている合成前の問題に対する解のうち，最短のものの距離を d としたとき，左右の問題の中心の線から左右に長さ d の範囲にあるデータにのみ着目すればよい．

例えば図 5.12(a) のように左側の解よりも右側の解の方が小さい場合には，その右側のペア間の距離を d と置く．このとき，図 5.12(b) に図示した左右の問題の中心の線から左右に長さ d の範囲のみを考えればよい．逆にいうと，この範囲に入っていないデータを含むペアは，どのように選んだとしても d 以上の距離だけ離れることになる．

ところで，中心の線から左右に長さ d の範囲にのみ着目したとしても，図 5.12(c) のように運悪くほとんどのデータがその範囲に含まれてしまっていた場合には，確認しなければならないペアはあまり減らず，$O(n^2)$ 通りのペアが候補になってしまう．しかし，次のもう一つの事実を利用することで，確認しなければならないペアの数を $O(n)$ に抑えることができる．

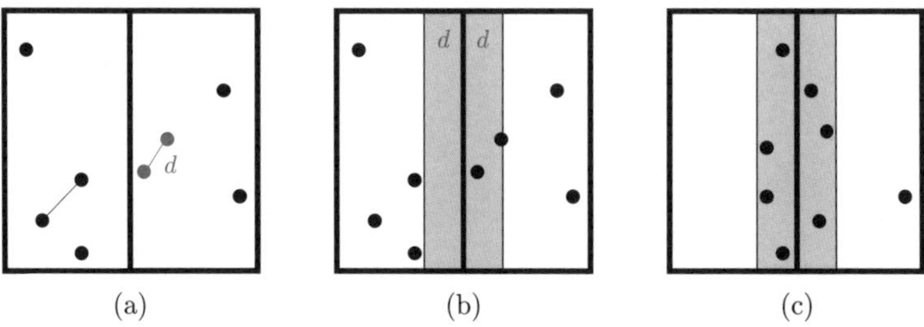

図 5.12 (a) 左右 2 つの小さな問題の解．右側の解の方が小さいのでそのペア間の距離を d と置く．(b) 左右の問題の中心の線から左右に長さ d の範囲を図示したもの．(c) 事実 1 に対する都合の悪い例．ただし，この場合でも事実 2 を利用することでうまくいく．

事実 2 それぞれのデータに対して，上下に近い 3 つずつのデータにのみ着目すればよい．

5.3 階層的クラスタリング（トップダウン型）

ここまでボトムアップ型のクラスタリングの手法について扱ってきた．本節ではもう一方のトップダウン型のクラスタリングの手法について扱っていく．ボトムアップ型では，バラバラだったグループを近い順に結合していくことでクラスタリングを行っていたのに対して，トップダウン型では，全体で 1 つだったグループを遠い順に分割していくことでクラスタリングを行う．

どちらの方法を使ってもクラスタリングを行うことはできる．しかし，ここで紹介するトップダウン型のクラスタリングは，ボトムアップ型に比べて使われることが少ない．その理由として，トップダウン型では，ボトムアップ型に比べて選択肢が膨大になってしまうという欠点が挙げられる．ボトムアップ型ではグループの中から結合する 2 つを選べばよく，最大でも $O(n^2)$ 通りの選択肢しか存在しなかった．さらに，分割統治法などのテクニックを使うことで，その選択肢はさらに小さくできることも紹介してきた．それに対してトップダウン型で行う分割においては，分割するグループを 1 つ選ぶだけでなく，そのグループをどう分割するのかまで決めなくてはならない．n 個のデータからなるグループを 2 つに分ける方法は $O(2^n)$ 通り存在する．ちなみに

$n = 1000$ だとすると，$1000^2 = 10^6$ に対して，$2^{1000} > 10^{300}$ となる．

このように都合の悪いトップダウン型であるが，まったく研究がされていないわけではない．以降では，トップダウン型のクラスタリングの手法の一種，DIANA 法を紹介する．

5.3.1 DIANA 法

DIANA 法 (DIvisive ANAlysis algorithm) は，1つのグループに着目し，そのグループを2つに分割するという操作を繰り返すアルゴリズムである．1回の操作で，着目したグループ内のデータのうちいくつかのデータを選び，選んだデータからなるグループと選ばれなかったデータからなるグループに分割する．データの選び方は，まず他のデータから最も離れているデータを1つ選ぶ．より正確には，各データに対して他のデータとの距離の平均が最大となるようなデータを選ぶ．

次に，まだ選んでいないデータ1つずつに着目して，そのデータも追加で選ぶかどうかを決めていく．「既に選ばれているデータとの距離の平均」と「まだ選ばれていないデータとの距離の平均」を比較し，前者が小さければ選ばれ，後者が小さければ選ばれない．

5.4 非階層的クラスタリング

先述の通り，クラスタリングの手法は大きく2種類に分けることができる．ここまで扱ってきたのが階層的手法で，この節で扱うのが非階層的手法である．階層的手法では，結合したり分割したりを繰り返してグループ分けを行ったのに対して，非階層的手法では，グループ分けを一度仮に決めた後に，より良いグループ分けを探して改良するという操作を繰り返すことで，最終的にきわめて良いグループ分けにたどり着くことを目指す．したがって階層的手法のときのように，後からグループの個数を決めることはできないため，初めに決める必要がある．それでは早速，非階層的クラスタリングの例を見ていこう．

5.4.1 k 平均法

まず紹介するのが **k 平均法** (k-means) という手法である．ここで k には 1 以上の整数が入り，分けたいグループの個数を表している．この k の値は，アルゴリズムの使用者が自由に決めることができる．

k 平均法の動作は以下の通りである．

(1) k 個のグループの中心を仮に決める．
(2) 各データを一番近い中心のグループに割り当てる．
(3) グループの中心（重心）を再計算する．
(4) 収束するまで (2) と (3) を繰り返す．

実際に図 5.13(a) の問題例を用いながら解説する．図 5.13(a) を 2 つのグループに分ける場合（2 平均法）の動作を見ていく．

ステップ 1 では，グループの中心を仮に決める．グループの中心はどのように決めてもよいが，最も単純な方法として，データの中から分けるグループの数である k 個だけランダムに選んで決めることが多い．今回は図 5.13(b) でバツで表した 2 つのデータを仮の中心とした．

ステップ 2 で，それぞれのデータを一番近い中心のグループに割り当てる．青いバツと白いバツそれぞれとの距離を求め，青いバツにより近いデータは黒のグループに，白のバツにより近いデータは白のグループに割り当てる．すると図 5.13(c) のようになる．

ステップ 3 では図 5.13(d) のように，割り当てたグループをもとに，それぞれのグループに含まれるデータの重心を計算し，新たなグループの中心とする．

その後はステップ 2 とステップ 3 を繰り返していく．図 5.13(e)(f) が 2 回目の繰り返し，図 5.13(g)(h) が 3 回目の繰り返しである．

図 5.13(h) に対して，4 回目のステップ 2 を行うことを考える．しかし，どのデータもいま含まれているグループから変化しない．したがって操作が収束し，これでクラスタリングが完了となる．

今回の例ではグループ分けが完全に収束したために終了となったが，場合によってはグループがきちんと定まるまでに指数的な回数が必要になることや，

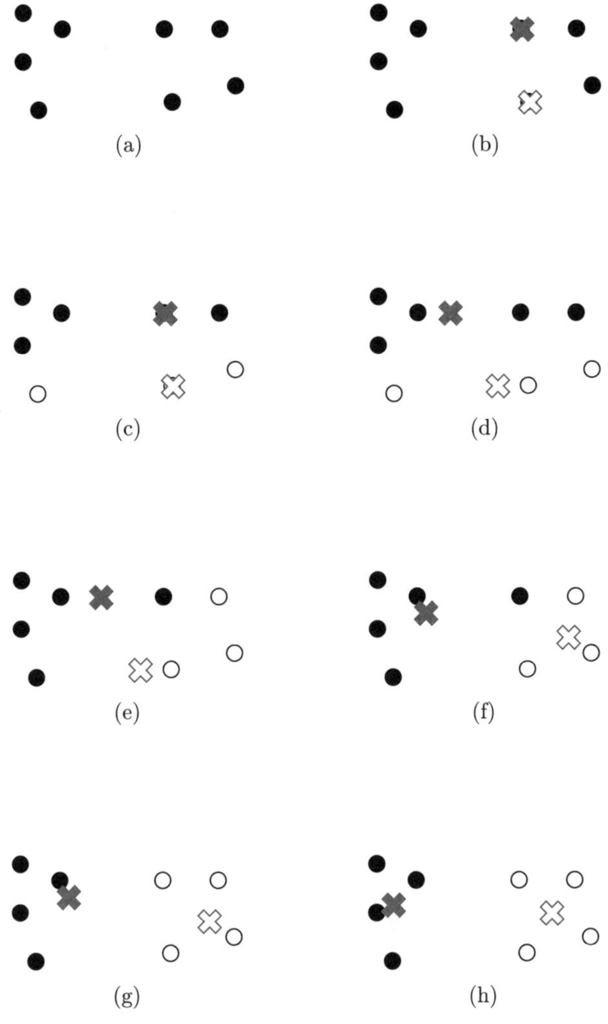

図 5.13 k 平均法の動作例. (a) 問題例. (b) ステップ 1. (c) ステップ 2. (d) ステップ 3. (e) ステップ 2 (2 回目). (f) ステップ 3 (2 回目). (g) ステップ 2 (3 回目). (h) ステップ 3 (3 回目).

いつまで経っても収束しないこともある．そのような場合の対処法として，あらかじめ繰り返す回数に上限を設けたり，ある程度収束に近づいた段階で停止するというしきい値を設けたりと，自由に終了条件を設定することもできる．

5.4.2 k 平均 ++ 法

k 平均法を改良したものに **$\boldsymbol{k}$ 平均 ++ 法** (k-means++) というものがある．k 平均 ++ 法では，先ほど紹介した k 平均法のステップ 1 にあるグループの中心を仮に決める方法を工夫し，収束するまでの回数削減や，より良いグループ分けへの収束を目指す．

k 平均法のステップ 1 では，与えられたデータの中から分けたいグループの個数の分だけランダムに選び，それを仮の中心としていた．それに対して k 平均 ++ 法では，これまでに選んだ点と遠ければ遠いほど選ばれやすくなるようにすることで上述の目的を達成している．

5.4.3 スペクトラルクラスタリング

先の k 平均法は，グループの中心となる点を決めて，それぞれのデータはその中で最も近い点のグループに分けるという方法をとっていた．しかしながら，当然どのようなデータに対してもうまく動作するわけではない．図 5.14 は k 平均法が苦手とする形のデータの例を示す．図 5.14(a)(b) は k 平均法によってクラスタリングしたものであるのに対し，同じデータに対して別の手法を用いてクラスタリングをした結果が図 5.14(c)(d) となる．どちらの方が良いクラスタリングか，というのは場合によるが，直感的にも後者のような結果が必要になる場面が多く存在しそうである．

実は図 5.14(c)(d) は，**スペクトラルクラスタリング** (spectral clustering) という手法を用いて得られたグループ分けである．この手法はグラフ理論でよく研究されているグラフの最小カット問題というものを用いた手法になっている．ざっくりと説明をすると，各データをグラフの頂点とし，それぞれの頂点のペアの間を，対応するデータの距離が小さければ小さいほど大きな重みをもつような辺でつなぐ．その上で，辺をいくつか削除することで，グラフをいくつかの連結成分に分けることを考える．ここで，削除した辺の重みの合計がで

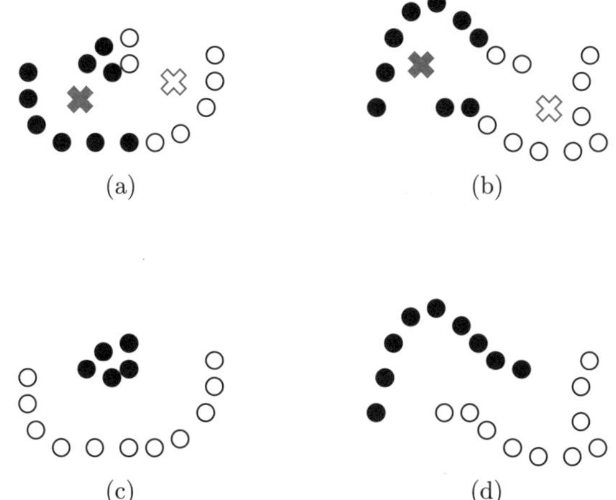

図 5.14 (a) k 平均法の動作例 1. (b) k 平均法の動作例 2. (c) スペクトラルクラスタリングの動作例 1. (d) スペクトラルクラスタリングの動作例 2.

きるだけ小さくなるように選ぶことで，距離の小さいデータ同士が同じグループになるように分けることができる．

5.4.4 fuzzy c-means

ここまでで扱ってきたクラスタリングのアルゴリズムは，階層的手法のものも非階層的手法のものもすべてハードクラスタリングと呼ばれるもので，各データに対してどのグループに属するかの対応を求めるものだった．一方，最後に紹介するこの **fuzzy c-means** は，ソフトクラスタリングに属する手法である．ソフトクラスタリングでは，各データの各グループへの帰属の度合い（帰属度）を求める．つまり，ハードクラスタリングではデータごとに白のグループなのか黒のグループなのかを決めていたが，ソフトクラスタリングではデータごとに，例えば白のグループの確率が 30% で黒のグループの確率が 70% といったように，その度合いを求める．

例えば，リンゴ・バナナ・ミカンの写真をソフトクラスタリングして，リンゴ 30%・バナナ 70% となれば，「この写真はバナナの確率が高いけれどリンゴの可能性もあるな」，などと考察できる．ハードクラスタリングでは，単に国内に分類された新聞記事を改めてソフトクラスタリングした際に教育 30%・国内 70% といわれれば，これもまた意義をもつ結果になりそうである.

このように，単にクラスタリングといっても様々な手法があり，目的に応じて使い分けることで様々な応用先を見つけることができる.

演習問題

5.1 本章で扱ったクラスタリング技術の発展によって，世界の何が変わったか論じなさい.

5.2 平面上の 2 点 $(1,2)$ と $(4,7)$ の間のユークリッド距離・マンハッタン距離・チェビシェフ距離をそれぞれ求めなさい.

5.3 表 5.1 のデータに対して階層的クラスタリングを行い，樹形図を作成しなさい. また，このデータは何種類の食べ物が混ざったデータとみなせるか考察しなさい. すなわち，このデータはいくつのグループに分けるのが良いか考察しなさい.

表 5.1 ある食べ物の甘味と酸味のデータ

甘味 (x)	酸味 (y)
1	4
1	8
2	7
3	8
6	4
7	2
7	3
9	4
3	2
3	1

5.4 表 5.2 のデータに対して $k = 2$ として k 平均法を用いてクラスタリングを行いなさい. ただし，初期のグループの中心を $(2,2)$, $(16,5)$ としなさい.

表 5.2　ある飲み物の酸味と苦味のデータ

酸味 (x)	苦味 (y)
2	2
3	0
3	3
4	0
14	6
15	4
15	7
16	5

5.5　前問 5.4 と同様に，表 5.2 のデータに対して $k = 2$ として k 平均法を用いてクラスタリングを行いなさい．ただし，初期のグループの中心を $(3, 3)$, $(4, 0)$ としなさい．また，前問 5.4 の解答と比較し，結果の違いについて考察しなさい．

第6章

次元削減

6.1 次元削減とは

本章では，教師なし学習のもう一つの柱，**次元削減** (dimensionality reduction) について扱っていく．次元削減とはその名の通り，次元の大きいデータの次元を下げるものである．データの次元が下がれば，それだけ効率良く機械学習を行うことができる．これは単に，扱わなければいけないデータの大きさが小さくなるだけでなく，より重要な情報が残ることによって，データの特徴を抽出しやすくなることにも影響する．他にも，多次元のデータはどうしても人間が認識しづらいものであるが，それが 3 次元や 2 次元のデータとなると，グラフなどにプロットして可視化できるため，視覚的にもデータの理解が深まるだろう．身近な例でいうと，5 教科 7 科目の点数のデータを，理系・文系 2 つの点数にまとめる操作も次元削減といえる．

単に次元を下げるといっても，適当に下げるだけでは必要な情報まで失われてしまう．3 次元のデータを 2 次元に削減する場合を考えてみよう．2 次元のデータに削減するというのは，本書の図のように，平面上に描くということに該当する．3 次元のデータを平面上に描く方法は無数に存在する．図 6.1(a) と (b) は，同じ 3 次元のデータをプロットしたものを別の角度から見たものである．元々同じデータだったはずだが，これらを比べてみると，(a) の方が (b) よりもデータが散らばっているように見える．また，(b) では 2 種類のデ

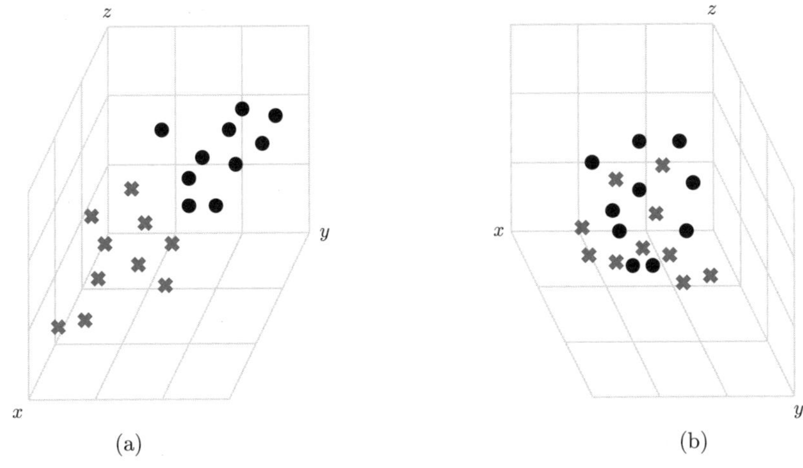

図 6.1 3 次元のデータを 2 次元で表した例. (a) 良い例. (b) 悪い例.

ータが混ざり合ってしまい，解釈することが難しくなっている．では，どのようにすると図 6.1(a) のように，情報を残したまま次元を削減できるだろうか.

次元を削減する上で情報量が減ってしまうことは避けられないが，なるべく情報を失わないようにしつつ次元を下げる方法について，様々なものが考案されてきた．本章ではそのような次元削減の技術の例として，主成分分析と自己符号化器について扱っていく.

6.2 主成分分析

次元削減をする際に最もよく用いられる手法の一つがこの**主成分分析** (principal component analysis) である．一番単純な場合となる，2 次元のデータを 1 次元に下げる方法を例に見ていこう.

2 次元の平面上にプロットされたデータを 1 次元に，すなわち直線上に射影することを考える．図 6.2(a) のデータを射影する場合，どのような直線に射影すれば，情報をなるべく保ったままで 1 次元のデータにできるだろうか．図 6.2(b) は図 6.2(a) のデータを x 軸上に射影したものであり，図 6.2(c) は y

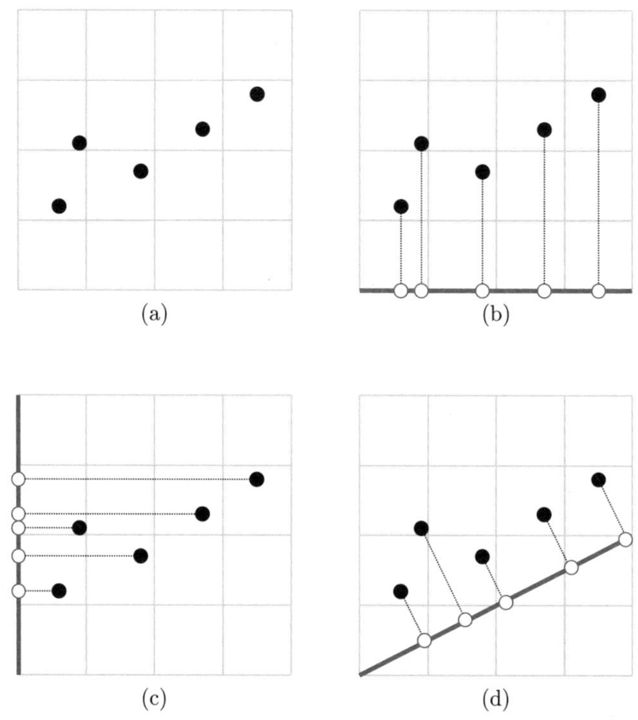

図 6.2 (a) 2 次元のデータ例．(b) x 軸上に射影した場合．(c) y 軸上に射影した場合．(d) 分散が最大になるような直線上に射影した場合．

軸上に射影したものである．この 2 つを比べてみると，x 軸上に射影した図 6.2(b) の方がデータが散らばっていることがわかる．この散らばっている状態，すなわち分散の大きさを，情報量の大きさと考えよう．x 軸上に射影しても，y 軸上に射影しても，どちらも 1 次元のデータになることに変わりはないが，同じ 1 次元のデータであれば，分散が大きいものを選ぶと良さそうである．

では，このデータの場合，x 軸上に射影することが分散を大きくする最適な選択だろうか．実は図 6.2(d) のような直線上への射影が最も分散を大きくする．主成分分析では，この射影した際に分散を最大化するような直線を求めることで，情報量をなるべく残したまま次元の削減を行う．

6.3 自己符号化器

次元削減の手法としてもう一つ有名なものに，**自己符号化器** (auto encoder) というものがある．表 6.1 はとある 3 次元のデータである．一見何の法則性もないデータに見えるが，実はこのデータは，ある整数 2 つをもってきた際に x, y, z がそれぞれそれらの和，差，積になっている．例えば 1 行目のデータ $(6, 4, 5)$ は，それぞれ 5 と 1 という整数の和，差，積である．同じように他の行のデータも，2 つの整数が何かを調べると表 6.2 のようになる．

ここで大事なのは，ルールさえ知っていれば，表 6.1 の 3 次元のデータを表 6.2 の 2 次元のデータから復元できるという点である．

もちろん，実際のデータを扱う際にここまできれいなルールが現れることは稀であり，少なからず情報が欠損し，完全に元のデータを復元することはできない．しかし，9.1 節の深層学習で扱うニューラルネットワークの利用によって，なるべく情報の欠損が少なくなるようなルールを見つけ出すことができる．

表 6.1　ある 3 次元のデータ

x	y	z
6	4	5
12	6	27
8	4	12
13	3	40
12	2	35
2	2	0
18	0	81
4	2	3
9	5	14
15	3	54

表 6.2　ある 2 次元のデータ

x'	y'
5	1
3	9
6	2
5	8
5	7
0	2
9	9
1	3
7	2
6	9

第7章 自然言語処理

7.1 自然言語処理とは

自然言語 (natural language) とは，形式言語の対になる言葉である．形式言語はコンピュータが使う言葉のことで，文法規則が厳格であり，構文や意味が明確に定義されている．数式やプログラミング言語などは，この形式言語に含まれる．それに対して自然言語は人間が普段使う言葉のことで，文法があいまいだったり，単語の入れ替えが可能だったり，さらにはたくさんの慣用句があったりする．

例えば

$$2 \times 4 + 3$$

は数式という形式言語である．誰が読んでも，「2 に 4 を掛けて，さらに 3 を足す」という解釈ができる．一方で，

イヌが鳴きながら逃げるネコを追いかけた

という文は，私たちが普段使用する言葉，つまり自然言語である．イヌが追いかけていることと，ネコが逃げていることに疑義はない．では，鳴いているのはイヌだろうか，ネコだろうか．このように，自然言語にはあいまいさが残っていることが多々ある．

自然言語には他にも，コンピュータが扱いづらそうな特徴がある．例えば日本語に限ったとしても次のように様々な難しさがある．

単語ごとに区切れていない

この　ように　区切って　書く　ことは　あまり　ない．

漢字の読み方が複数ある

「11 月 3 日の今日は日曜日だが，文化の日なので明日は振替休日になる」という文章には，「日」という漢字が 7 種類もの異なる読み方で使われているが，多くの日本人はこれをすらすらと読むことができる．

主語が省略されることがある

逆に省略しないとどうなるだろうか．「吾輩は猫である．吾輩の名前はまだない．吾輩はどこで生まれたかわからない．吾輩はジメジメしたところが……吾輩は……吾輩は……」．これではちょっとくどい感じがするだろう．

話し言葉が文法からかけ離れている

「そんなことは知らないでしょう」は，話し言葉では「んなこた知らんしょ」となることもある．これをコンピュータに理解させようというのはなかなかハードルが高そうである．

これらのことから，**自然言語処理** (natural language processing)，すなわち，自然言語をコンピュータに処理させることはとても難しいと考えられてきた．自然言語処理と一言でいっても，漢字変換や文章の翻訳，文章の分析や対話など，様々なものがあり，その中にはもちろん機械学習を用いた技術も含まれている．本章では，その中でも特に教師なし学習を自然言語処理に応用したいくつかの例について扱っていく．

7.2 自然言語生成

自然言語処理の応用先のひとつに，**自然言語生成** (natural language generation) というものがある．「AI（人工知能）が小説を自動で作成した」などという話を聞いたことがある人も多いだろう．では，コンピュータが小説を書くには，どのような学習をさせればよいのだろうか．本節では，n-gram とマルコフ連鎖という2つの考え方を扱い，コンピュータが自動で文章を生成する基本を学ぶ．

7.2.1 n-gram

***n*-gram** とは，与えられた文章から文脈を捉えるための方法の一種で，n には1以上の整数が入る．特に 1-gram のことを uni-gram，2-gram のことを bi-gram，3-gram のことを tri-gram と呼ぶことがある．

n-gram は，与えられた文章に対して，連続する n 文字，あるいは連続する n 個の単語からなる文章の部分集合をすべて集めたものである．この節では 2-gram を例に解説をしていく．

次の文章を考えてみよう．

So many men so many minds.

日本語にすると十人十色のことだが，この文章の 2-gram は次のようになる．

So many

many men

men so

so many

many minds.

2-gram を調べることによって，単語同士の文章内で出現しやすい組合せや，出現しにくい組合せを把握できる．今回はたった1文しか調べなかったため，so の後に many がくることが多い，ということくらいしかわからない．しかし，例えば小説や新聞記事，SNS などから得られる膨大な文章の 2-gram を調べることによって，より正確に単語同士の連続のしやすさ（共起関係）を知ることができる．

7.2.2 マルコフ連鎖

まずは次のような問題を考えてみよう．あるテレビ番組では，毎日番組の最後にじゃんけんのコーナーがある．そのコーナーでは，出演者の一人が「グー」か「チョキ」か「パー」のいずれかを出す．八木山くんは，そのじゃんけんにどうしても勝ちたいと思い，出演者が出す手に法則がないか調べることにした．

八木山くんは毎日欠かさず番組を見ているうちに，次の法則を見つけた．

昨日グーを出した

今日は 1/2 の確率でグー，1/6 の確率でチョキ，1/3 の確率でパー．

昨日チョキを出した

今日は 1/3 の確率でグー，1/2 の確率でチョキ，1/6 の確率でパー．

昨日パーを出した

今日は 1/3 の確率でグー，1/6 の確率でチョキ，1/2 の確率でパー．

この法則から，次の 2 つの確率を求めてみよう．

問題 1　今日グーを出したとき，明日もグーの確率は？

問題 2　今日グーを出したとき，明後日もグーの確率は？

問題 1 はすぐにわかる．グーを出した次の日は，1/2 の確率でグーを出すことがわかっているので，明日もグーの確率は 1/2 となる．問題 2 ではどうだろうか．明後日もグーを出すパターンは，明日何を出すかによって，次に示す 3 つのパターンに分けられ，それぞれの起こる確率は次のようになる．

パターン 1：今日グー，明日グー，明後日グー

グーの翌日にグーを出す確率は 1/2 なので，それが 2 日連続で起きる確率は $1/2 \times 1/2 = 1/4$.

パターン 2：今日グー，明日チョキ，明後日グー

グーの翌日にチョキを出す確率は 1/6，チョキの翌日にグーを出す確率は 1/3 なので，このパターンになる確率は $1/6 \times 1/3 = 1/18$.

パターン 3：今日グー，明日パー，明後日グー

グーの翌日にパーを出す確率は 1/3，パーの翌日にグーを出す確率は 1/3 なので，このパターンになる確率は $1/3 \times 1/3 = 1/9$.

これら 3 つのパターンが同時に起こることはないため，明後日グーを出す確率は，これら 3 つのパターンが起きる確率を合計し，$1/4+1/18+1/9 = 5/12$ と求まる.

未来の事象が現在の状態だけで決まることを**マルコフ性** (Markov property) と呼ぶ．先ほどのじゃんけんの例も，2 回前や 3 回前に何を出したかは関係なく，今回何を出したかによって次の手で何を出すかという確率が決まったので，マルコフ性をもっているといえる.

じゃんけんのたびに今回出した手は変わり，今回出した手が変わるたびにその次に出す手の確率が変わる．このようにマルコフ性をもった事象が状態や確率を繰り返し変えながら遷移していくことを，**マルコフ連鎖** (Markov chain) と呼ぶ.

マルコフ連鎖は，行列やグラフの形で表現することができる．先ほどのじゃんけんの例を行列で表すと次のようになる．各行は今回出した手を表し，上からグー・チョキ・パーに対応する．各列は次回出す手を表し，左からグー・チョキ・パーに対応する.

$$\begin{pmatrix} \frac{1}{2} & \frac{1}{6} & \frac{1}{3} \\ \frac{1}{3} & \frac{1}{2} & \frac{1}{6} \\ \frac{1}{3} & \frac{1}{6} & \frac{1}{2} \end{pmatrix}$$

マルコフ連鎖を行列で表すことによって，先ほどのような問題は行列の掛け算を用いて表すことができる．例えば問題 1 は,

$$\begin{pmatrix} 1 & 0 & 0 \end{pmatrix} \begin{pmatrix} \frac{1}{2} & \frac{1}{6} & \frac{1}{3} \\ \frac{1}{3} & \frac{1}{2} & \frac{1}{6} \\ \frac{1}{3} & \frac{1}{6} & \frac{1}{2} \end{pmatrix} = \begin{pmatrix} \frac{1}{2} & \frac{1}{6} & \frac{1}{3} \end{pmatrix}$$

のように求まる．計算で求まった行列の左から，次回グーを出す確率，チョキを出す確率，パーを出す確率となっている．さらにここで，掛けられる行列を

(0 1 0) とすればチョキの次の日，(0 0 1) とすればパーの次の日の確率が求まる．問題 2 は

$$\begin{pmatrix} 1 & 0 & 0 \end{pmatrix} \begin{pmatrix} \frac{1}{2} & \frac{1}{6} & \frac{1}{3} \\ \frac{1}{3} & \frac{1}{2} & \frac{1}{6} \\ \frac{1}{3} & \frac{1}{6} & \frac{1}{2} \end{pmatrix} \begin{pmatrix} \frac{1}{2} & \frac{1}{6} & \frac{1}{3} \\ \frac{1}{3} & \frac{1}{2} & \frac{1}{6} \\ \frac{1}{3} & \frac{1}{6} & \frac{1}{2} \end{pmatrix} = \begin{pmatrix} \frac{5}{12} & \frac{2}{9} & \frac{13}{36} \end{pmatrix}$$

のように求まる．5/12 が問題 2 で求めたかったグーの 2 日後にグーを出す確率で，2/9 と 13/36 は，それぞれチョキとパーを出す確率になっている．

マルコフ連鎖を表す行列を 2 回掛けることで 2 日後の確率を求めることができた．行列を掛ける回数を増やすことで，さらに先の未来を予測することもできる．また，この掛け算を十分に繰り返すことによって，値が収束する場合がある（当然収束しない場合もある）．では，どのようなときにマルコフ連鎖は収束するのだろうか．実はマルコフ連鎖が収束するのは，既約性と非周期性という 2 つの性質をもっているときと知られている．**既約性**とは，「一度チョキを出したら二度とグーが出せない」といったことが起こらない性質，**非周期性**とは，「一度チョキを出したら次にチョキを出せるのは必ず偶数回後で，奇数回後に出すことはない」というようなことが起こらない性質である．今回の例はそのどちらの性質も満たしているので，次のように収束した．

$$\begin{pmatrix} 1 & 0 & 0 \end{pmatrix} \begin{pmatrix} \frac{1}{2} & \frac{1}{6} & \frac{1}{3} \\ \frac{1}{3} & \frac{1}{2} & \frac{1}{6} \\ \frac{1}{3} & \frac{1}{6} & \frac{1}{2} \end{pmatrix}^{\infty} = \begin{pmatrix} \frac{2}{5} & \frac{1}{4} & \frac{7}{20} \end{pmatrix}$$

ちなみに今回はグーで始めているが，チョキやパーで始めても同じ値に収束することが知られている．

別の表現の仕方も見てみよう．図 7.1 は，マルコフ連鎖を重み付き有向グラフで表現したものである．マルコフ連鎖は，いまの状態から，次の状態を予測する方法の一つである．図 7.1 のグラフで，現在の状態に対応する頂点，例えば「グー」の頂点上にコインが置いてあるとしよう．そのコインは，置いてある頂点から出ている辺をたどって，それぞれの重みに対応する確率に応じて次の状態へと遷移する．そのコインが次に置かれた場所が次の状態，すなわち次

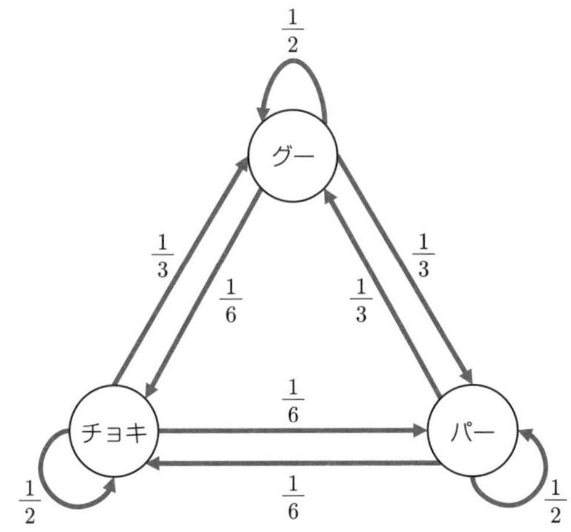

図 7.1 有向グラフによるマルコフ連鎖の表現

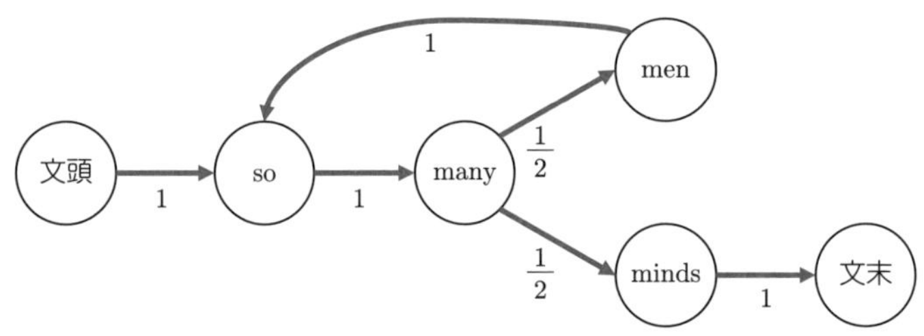

図 7.2 「So many men so many minds.」という文章の 2-gram から作成したマルコフ連鎖

回出す手となる.

読者の中には既に想像がついた方もいるかもしれないが，前項で紹介した 2-gram と，いま紹介したマルコフ連鎖を組み合わせることで，自動的に文章を生成できるようになる.

2-gram を調べることによって，ある単語が出てきた際に，次に出てくる単語の確率を求めることができた．例えば「So many men so many minds.」という文章で学習することで，「so の後には毎回 many がくる」「many の後には 2 回に 1 回 men がきて，2 回に 1 回 minds. がくる」ということがわかる．この文章からマルコフ連鎖を作成すると，図 7.2 のようになる．あとは，文章

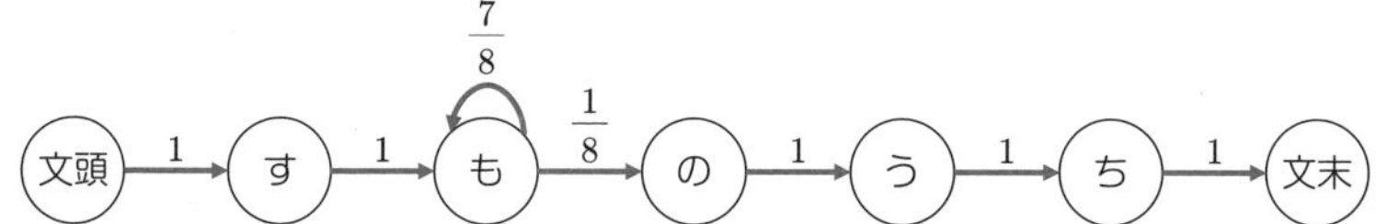

図 7.3 「すもももももももものうち」という文章から，1 文字ごとに区切った 2-gram を用いて作成したマルコフ連鎖

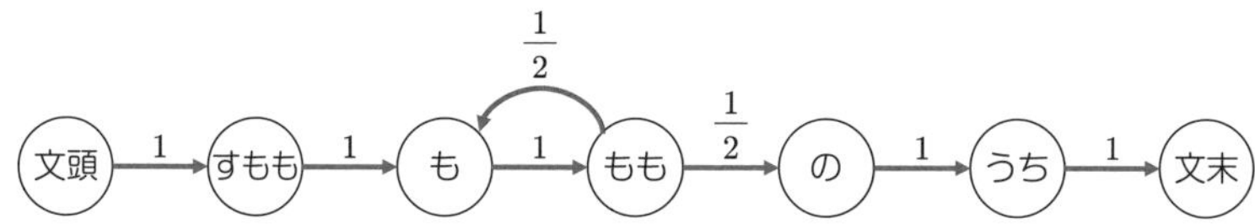

図 7.4 「すもももももももものうち」という文章から，単語ごとに区切った 2-gram を用いて作成したマルコフ連鎖

の始まりにコインを置いて，確率に従ってコインを移動しながら文章の終わりにたどり着くまで単語を選んでいくことで，文章を生成できる．今回は 1 つの文のみから学習を行ったため，あまり面白い結果にはならないが，学習する文章の量を増やすことによって，より精度の高い文章を生成できるようになる．また，ある作家の作品を集めて，その文章で学習することによって，その作家の作風に似せた文章を生成することもできる．

では，同様のことを日本語でもできるだろうか．日本語は前にも述べたように，単語ごとに区切られていない．しかし，例えば単語ごとではなく文字ごとに区切ることで，2-gram を適用できる．図 7.3 は「すもももももももものうち」という文章から学習したマルコフ連鎖である．

ところが，このマルコフ連鎖からでは，「も」の後には「も」がきやすいといった，文章を作る上であまり有用とは思えない情報しか得られない．その結果，作成される文章は，「すもももものうち」「すものうち」など，文章として意味をなさないものも多くなる．できれば日本語の文章にも，単語ごとに 2-gram を適用し，図 7.4 のようなマルコフ連鎖を作りたい．次節では，そのようなときにも役立つ，日本語を単語ごとに区切る方法について紹介していく．

7.3 形態素解析

形態素解析 (morphological analysis) とは，文章を形態素，つまり品詞ごとに分解することである．形態素解析は次の 2 ステップに分けられる．

(1) 文章を品詞ごとに分割する．
(2) 分割された品詞の種類を推定する．

ここで，2 番目の品詞の推定については，教師あり学習で扱った分類の技術を用いて行えるため，この節では 1 番目の文章の分割について扱っていく．

7.3.1 わかち書き

「すもももももももものうち」を「すもも　も　もも　も　もも　の　うち」というように，単語ごとに区切って書く方法を**わかち書き** (word segmentation) という．私たちがわかち書きをされてない文章を読んだとしても，区切れ目を間違えて読んでしまうことは滅多にない．しかし，コンピュータに読ませるとなるとそうはいかない．本項では，コンピュータにわかち書きをさせる方法について扱っていく．

■ 長尾真氏らの方法

わかち書きの研究は古くから行われている．ここでは，1979 年に長尾真氏らによって提唱された方法を紹介する．長尾氏らの方法は次の 5 ステップからなる．

(1) 事前に用意しておいた辞書を読み込む
三省堂「新明解国語辞典」の磁気テープ版を特別に製作し，約 6 万語の単語を読み込んでいたそうである．

(2) 慣用句を探し，あれば先に決定する
「後ろ指」「揚げ足」「立つ瀬」などを 1 つの単語として，先に区切っていく．

(3) 「ひらがな」の次に「漢字」や「数字」がきていたら区切る

実際に身の回りの文章を調べてみよう．ひらがなから漢字に変わる部分で区切れないことはほとんどないことに気づく．

(4) 残りの部分を区切っていく

辞書のデータをもとに，単語を見つけては区切っていく．複数の切り方があった場合には，そのすべてを出力する．

(5) その中から最後は人間が選ぶ

少し驚く人もいるかもしれない．完全な自動ではないが，当時の技術レベルでは，人間が選べるくらいにまで候補が絞れるという時点で驚くべきことであった．

ちなみに，長尾氏らの論文「計算機による日本語文章の解析に関する研究」では，うまく分けられなかった例として次の2つが挙げられている．

その　後記憶

電話　器用

■ ビタビアルゴリズム

最後に，**ビタビアルゴリズム** (Viterbi algorithm) として知られている方法について紹介する．ビタビアルゴリズムは動的計画法を用いた方法で，文章の最初から最後までの最も尤もらしい系列（ビタビ経路）を見つけることで，様々な区切り方が考えられる文章の中から尤もらしい区切り方を選び出す．

このアルゴリズムでは，まず単語と単語のつながり方にコストを設ける．例えば，名詞の次にもう一度名詞が連続してくることは文章ではあまり起こらないため高コストに，動詞の次に助詞がくることは文章でよく起こることなので，低コストに設定する．その上で，できるかぎり合計のコストが小さくなるように文頭から文末までたどる経路，それがビタビ経路となる．

区切った各単語を，頂点，頂点同士のつながりをコストの重みをもった有向辺で表すことにより，この問題は有向グラフ上の最短路問題として解くことができる．図7.5は「すもももももももものうち」という文章の単語ごとに区切れるパターンを全列挙して，有向グラフで表したものである．どのように有向

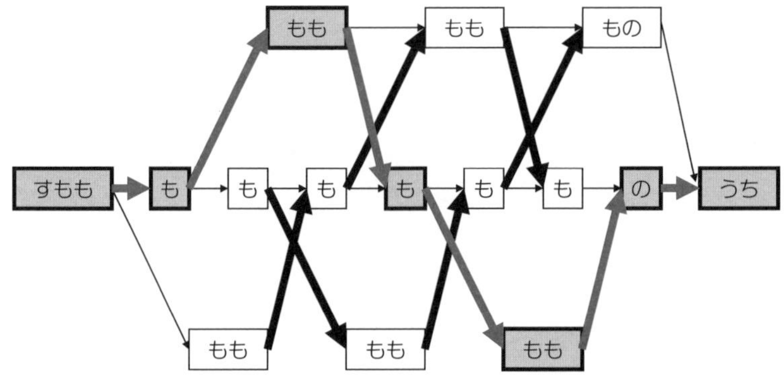

図 7.5 「すもももももももものうち」という文章の単語ごとに区切れるパターンを全列挙し，有向グラフで表したもの．太い矢印はコストの低い辺，細い矢印はコストの高い辺を示している．なるべく太い矢印のみを通って「すもも」から「うち」までたどり着くルートがビタビ経路であり，図中では網掛けの単語で示している．

辺（矢印）をたどっても「すもももももももものうち」になるが，たどり方によって対応する区切り方が異なることに注意しよう．

では，このコストはどうやって決めるのだろうか．人間が経験に基づいて決めることが多いが，正解のわかっている文章が大量にある場合，その文章から頻度を求めて，その逆数を使うこともある．

7.4 かな漢字変換

本節では，ひらがなを漢字に変換する方法について触れる．かな漢字変換においても様々な手法が考えられてきた．現在では数多くのかな漢字変換ソフトが開発されており，それぞれのソフトの中では複雑なアルゴリズムが動いている．ここでは，その複雑なアルゴリズムの中で最も基本となる考え方である「文節数に着目したもの」「コストに着目したもの」の2つについて扱う．

7.4.1 文節数に着目した手法

かな漢字変換では，文節数が少ないと正しく変換されることが多いといわれている．例えば，「さばいばるちゅう」の変換結果は「鯖　威張る　中」よりも「サバイバル　中」の方が正しそうである．どのようにすれば，文節数の少ない変換を見つけることができるだろうか．以下では，文節数のなるべく少ない変換を見つける手法を 3 つ紹介する．

最長一致法

最長一致法では，文字列の初めから順に単語ごとに変換を確定していく．貪欲法のアルゴリズムであり，一度の確定でより長い文字列が確定できるものを選ぶ手法である．図 7.6 は，「きっとひるまでいるかも.」という文章を最長一致法によってかな漢字変換したものである．まず「きっと」を確定させた後，「昼」と「昼間」を比べる．前者では「きっとひる」までしか変換が終わらないのに対して，後者ではより長い文字列「きっとひるま」まで変換できるため，「昼間」を選び確定する．自動的に「で」が決まった後，今度は「居る」と「イルカ」を比べ，より長く確定できる「イルカ」を選ぶ．このように繰り返していくのが最長一致法である．

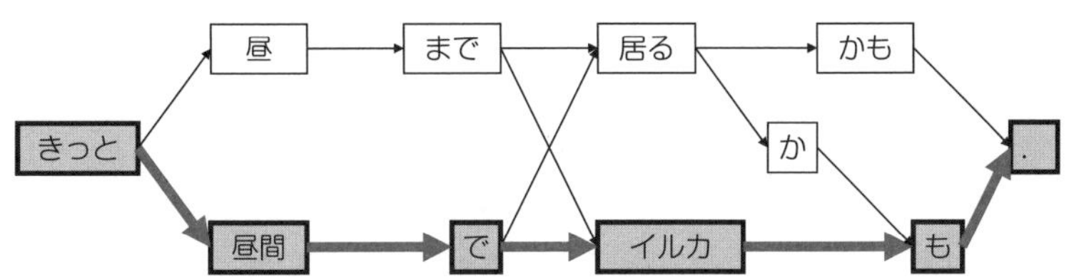

図 7.6 「きっとひるまでいるかも.」という文章を最長一致法によってかな漢字変換したもの

2 文節最長一致法

最長一致法では次の文節まで考慮して最長のものを選ぶが，2 文節最長一致法では，次の次の文節まで考慮する．図 7.7 は先ほどと同じ「きっとひるまでいるかも.」という文章を，2 文節最長一致法によってかな漢字変換したものである．2 文節最長一致法では，2 つ先の文節まで考慮する．まず「きっと」を確定させた後，「昼　まで」と「昼間　で」を比べる．今回の場合は同じ長さだけ確定させることができるが，このようなときは 1 文節目で決定する範囲がより短いものを選ぶと良い結果が得られやすいことが知られている．したがって，2 文節先までの長さが同じ場合，1 文節先でより短いものを選ぶことで，「昼　まで」が選ばれる．次

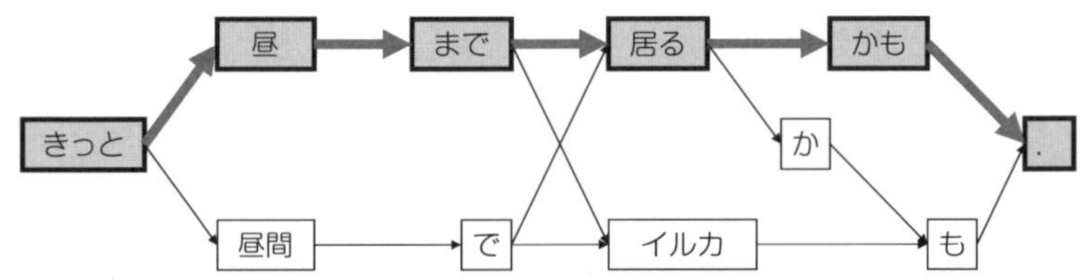

図 7.7 「きっとひるまでいるかも.」という文章を 2 文節最長一致法によってかな漢字変換したもの

に,「居る　かも」「居る　か」「イルカ　も」を比べる.「居るか」は他の2つに比べ短いため,選ぶことはない.残りの2つでは,先ほどと同様1文節目でより短い「居るかも」が選ばれる.このように繰り返していくのが2文節最長一致法である.

文節数最小法

文節数最小法は,全体を見て,文節数が最小になるような組合せを求める方法である.ビタビアルゴリズムと同様に,動的計画法で求めることができる.

最長一致法や2文節最長一致法では,最小の文節数になる変換を必ず求められるとは限らない.一方で,次にくる単語や,その次にくる単語のみに着目するだけで決定していくことができるため,文節数最小法に比べて高速に処理が可能という利点がある.

7.4.2 コストに着目した手法

先ほど紹介したビタビアルゴリズムのように,かな漢字変換でも様々な変換候補の中からコストのなるべく小さくなるようなものを選択する手法もある.かな漢字変換のコストとしては,様々なものが考えられている.ビタビアルゴリズムと同様,文節と文節のつながりにコストを与える方法の他にも,文節そのものにコストを与える方法などが有名である.前者は先ほどと同様,名詞と名詞の接続を高コストにしたり,動詞と助詞の接続を低コストにしたりする.後者は,例えば文章に名詞がたくさん出てくることはあまりないという事実を利用し,名詞自体を高コストに設定してそれらしい変換を目指すものである.

7.4.3 その他の手法

かな漢字変換で難しい点の一つに，同音異義語，すなわち，まったく別の意味でもひらがなで書くと同じ言葉となるものが挙げられる．例えば「きしゃのきしゃはきしゃできしゃ」という文章を正しく「貴社の記者は汽車で帰社」と変換するためには，それぞれの「きしゃ」が文章内で果たす役割を理解する必要がある．

同音異義語の対策に共起語辞書というものがある．共起語辞書とは，（本，厚い）（夏，暑い）（鉄，熱い）というように，文章内で同時に使用されやすい単語の組をまとめたものである．これを利用することによって，「あつい」という言葉を漢字に変換する際に，例えば近くに「本」という単語があった場合には，共起語辞書に（本，厚い）があることで，「厚い」を選択できる．

演習問題

7.1 普段の生活の中で，自然言語処理の技術が使われている例を探しなさい．

7.2 「にわにはにわにわとりがいる」という文章の 2-gram を求めなさい．

7.3 前問 7.2 で作成した 2-gram から得られるマルコフ連鎖を有向グラフを用いて表現しなさい．

7.4 図 7.5 のような有向グラフ上で最短路を見つける，効率の良いアルゴリズムを与えなさい．

7.5 「すもももももももものうち」という文章を，最長一致法を用いてかな漢字変換した際に起こる問題について考察しなさい．

第 III 部

強化学習

第8章 強化学習

8.1 強化学習とは

機械学習は大きく分けて，教師あり学習・教師なし学習・強化学習の3つがあると述べてきた．この章で扱うのは，最後の**強化学習** (reinforcement learning) である．強化学習は，試行錯誤しながら次にすべき行動を学習することで，現在の状態での最善の行動を推測するものである．

強化学習は英語にすると reinforcement learning になる．この reinforcement には，補強や増強といった意味がある．元々行動主義心理学の分野で使われていた言葉で，自分にとって嬉しいことを起こすための行動を増加させる，あるいは，自分にとって嫌なことを避けるための行動を増加させるといった意味で使われていた．

前章までは，機械学習を教師の有無，すなわち学習データに答えがあるかどうかで分けて扱ってきたが，ここにきて第3の機械学習，強化学習というものが出てきた．強化学習には，そもそも教師はいるのだろうか，いないのだろうか．

実は強化学習は，問題の設定自体から教師あり学習や教師なし学習とは異なる．強化学習は，行動に対して報酬がもらえて，その中で試行錯誤を繰り返して高い報酬を目指すものである．このようにいうと，強化学習は答えのある教師あり学習に近いと考えるかもしれないが，以下の点で異なるため，一般に教師あり学習や教師なし学習とは分けて考えられている．

報酬は遅れてもらえることがある

例えば，将棋やオセロなどのボードゲームを行うコンピュータを強化学習で作成する場合を考える．ボードゲームは最終的に勝ち負けがあるため，勝った場合にはその行動は良い行動だった，負けた場合にはその行動は悪い行動だったということがわかる．ただし，その行動の良し悪しがわかるのはゲームが終わってからということになる．したがって，どのような行動が報酬につながるのかがわかりづらく，特にどこで間違えた行動をとってしまったのかについてわかりづらくなっていることが，強化学習の特徴の一つである．

「報酬が高い行動＝答え」とは限らない

例えば，ゲームをプレイするコンピュータを，機械学習で作成する場合を考える．その場合，ゲームの途中途中で得られる得点を報酬とできる．ところが，ある行動をしたときに100の報酬をもらったとしても，これが自分にとってどれくらい良いものなのかを判断するすべがない．もしかしたら他の行動だと10000の報酬がもらえていたかもしれない．また，いまは報酬がもらえても，この行動によって後々大損をする可能性もある．このように，報酬はもちろん答えである正しい行動の指標にはなるものの，目先の高報酬が答えとは限らないということも強化学習の特徴の一つである．

8.1.1 状態と報酬

強化学習では，現在の状態が与えられた際に**行動**を決定することで，その行動に対する**報酬**と，行動によって変化した次の**状態**が与えられる．こうして次々変化する状態に対して，順に行動を決定していく．強化学習ではこの状態や報酬を与える側のことを**環境**と呼び，行動を決定する側のことを**エージェント**と呼ぶ．図8.1は強化学習の概略図である．強化学習では，エージェントが環境に対して様々な試行を繰り返すことで，より良い行動を模索していく．

もう少し理解を深めるために，具体例を用いてみよう．次のようなお掃除ロ

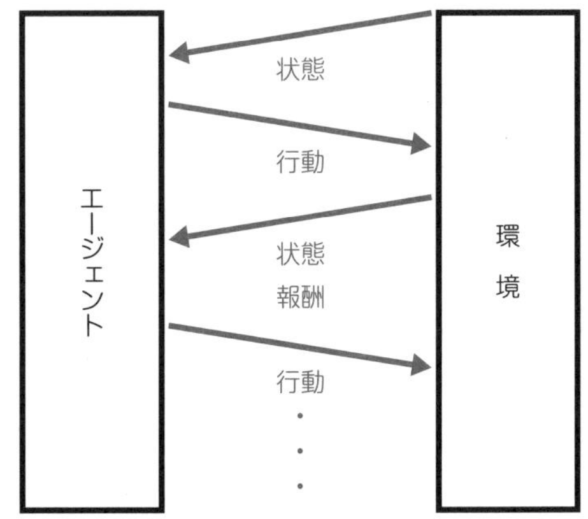

図 8.1 強化学習の相互作用

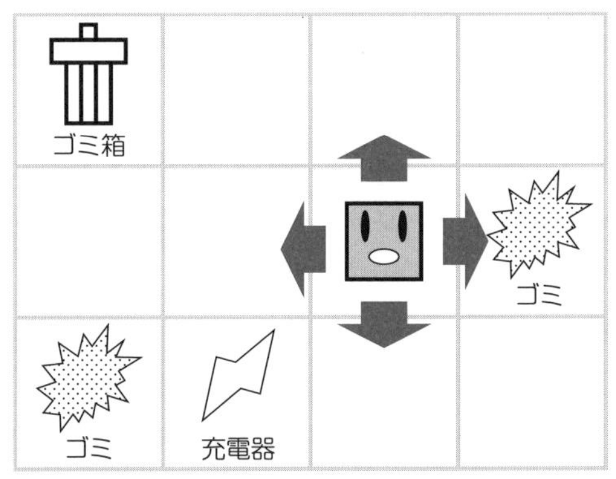

図 8.2 お掃除ロボットのいる部屋の状態

ボットを考えてみる．お掃除ロボットは上下左右への移動と，ゴミを拾う，ゴミを置くという 6 つの行動ができるとする．図 8.2 のように，部屋にはゴミ箱と充電器，そしていくつかのゴミが落ちている．お掃除ロボットは充電器を初期位置として，上述の行動を繰り返し，部屋に散らばっているゴミをゴミ箱に移動させることを目的としている．ただし，お掃除ロボットは電池で動き，充電器以外の場所で電池残量がなくなると動けなくなってしまう．

この場合，エージェントがお掃除ロボットの行動を決める．それでは環境はどのようになるだろうか．状態は現在の部屋の様子とお掃除ロボットの状態の

2つからなる．すなわちゴミ箱や充電器，ゴミの位置，お掃除ロボットの電池残量，ゴミを持っているかどうかなどの情報である．報酬として例えば，1回行動するたびに報酬 −1，ゴミをゴミ箱に置くと報酬 100，途中で電池残量がなくなってしまうと報酬 −1000，といったように設定できる．

8.1.2 状態価値

教師あり学習の分類分析では，2種類のデータを分類する直線を求めることを目的としていた．一方教師なし学習のクラスタリングでは，データを似たもの同士のグループに分けることを目的としていた．それでは，強化学習で求めたいものはどのようなものだろうか．

強化学習で考える指標の一つに，状態価値というものがある．**状態価値** (state value) とは，名前の通りそれぞれの状態の良さを表したものである．状態の良さというのは「報酬がどれくらいもらえるか」だけではなく，「報酬がどれくらいもらえそうか」という未来のことまで考慮に入れる必要がある．先ほどのお掃除ロボットの例で，現在ゴミを持っていて，ゴミ箱はもう目の前にあるという状況を考えてみよう．報酬はまだもらっていないが，もうすぐゴミをゴミ箱に置いたことによる報酬がもらえそうなため，この状態はかなり良い状態であると考えられる．一方で，もしこのときお掃除ロボットの電池残量がほとんど残っておらず，しかも充電器はかなり遠い場所にあるという状態だとすると，もうすぐ報酬を大きく失ってしまうことが予測されるため，こちらの状態はかなり悪い状態であると考えることができる．

このように，環境の状態に対して状態価値を定義することで，エージェントは次のような行動指針を立てることができる．

行動指針

> 自分が次にとることのできる行動それぞれに対して，その行動をとった後の状態に対する状態価値をそれぞれ求め，その中で最も状態価値の高いもの，すなわち一番良い状態になる行動を選択する．

お掃除ロボットでいうと，現在の状態からロボットがとれる6つの行動それぞれを行った後の状態価値を計算する．例えば

- ・「上に移動」の後の状態価値：39
- ・「右に移動」の後の状態価値：9
- ・「左に移動」の後の状態価値：40
- ・「下に移動」の後の状態価値：81
- ・「ゴミを拾う」の後の状態価値：2
- ・「ゴミを置く」の後の状態価値：57

のようになった場合，一番状態価値の高い「下に移動」を行う．

お掃除ロボットがどれくらい賢く，あるいは人間らしく行動を決定できるかは，この状態価値の決め方によって左右される．以降では，この状態価値の計算の仕方について，いくつかの手法を紹介していく．

8.2 動的計画法（DP 法）

8.2.1 強化学習とゲーム

強化学習の対象として，ゲームが扱われることは少なくない．第1章で紹介した AlphaGo も，囲碁というゲームを対象としている．本書では，ゲームというものを以下の3つを満たすものと定義する．

- ・プレイヤーがいる
- ・ルールがある
- ・目標がある

ゲームは勝ち負けという目的がはっきりしているため，強化学習やその他の機械学習に限らず，人工知能分野の研究題材として広く用いられてきた．特にオセロや将棋などを含む運要素がなく理論上は完全な先読みが可能なゲームは「二人完全情報確定ゼロ和ゲーム」と呼ばれ，様々な研究が進められてきた．

本書でもゲームを対象として説明を続けていく．次項では，本書で扱うゲームのルールを解説する．

8.2.2 Mattix

Mattix は 1970 年代にイスラエルで発明されたゲームで，世界中で大ヒットした．日本でも学研ステイフルから発売されている．実際に売られている商品の中身は図 8.3 のようになっている．内訳は，盤面となる 6×6 のマスが書かれたバトルマット 1 枚，数字が書かれたチップ 35 枚，そして特別な形をしたクロスチップ 1 枚である．35 枚のチップそれぞれには，-10〜10 の整数いずれかが書かれている．このゲームは先手と後手の 2 人で行い，ルールに基づいて交互に 1 枚ずつチップをとり合い，最終的に自分の持っているチップに書かれている数字の合計が大きい方が勝ちというゲームである．詳しい遊び方は以下の通りとなる．

(1) 6×6 の盤面にクロスチップも含めた 36 枚のチップをランダムに並べる（図 8.4(a)）.
(2) 先手はクロスチップの横列にあるチップから 1 つ選んで取得し，そのチップがあった場所にクロスチップを移動させる（図 8.4(b)）.
(3) 後手はクロスチップの縦列にあるチップから 1 つ選んで取得し，そのチップがあった場所にクロスチップを移動させる（図 8.4(c)）.

図 8.3 日本で売られている Mattix の中身．実際の商品を筆者が撮影．

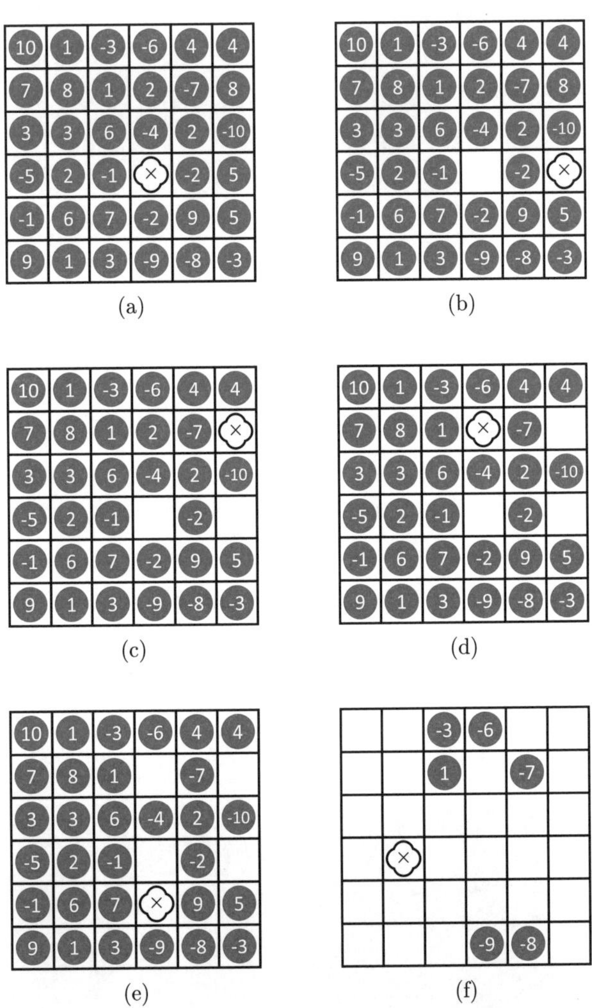

図 8.4　(a) ゲーム開始時の盤面．(b) 1 手目に先手は 5 のチップをとった．この時点で先手対後手は 5 対 0．(c) 2 手目に後手は 8 のチップをとった．この時点で 5 対 8．(d) 3 手目に先手は 2 のチップをとった．この時点で 7 対 8．(e) 4 手目に後手は −2 のチップをとった．この時点で 7 対 6．(f) ゲーム終了時の盤面．図からは読み取れないが，最終的に 43 対 34 で先手が勝利となった．

(4) 同じルールで交互にチップを取得していく（図 8.4(d)，図 8.4(e)）.
(5) 取得できるチップがなくなったらゲーム終了．ここで，まだ盤面上にチップが残っていてもゲーム終了となる場合があることに注意（図 8.4(f)）.
(6) ゲーム終了時点で先手後手それぞれが取得したチップに書かれている数字を合計し，より大きい方の勝利.

8.2.3 Mattix の状態価値

Mattix には，少し考えるだけで様々な戦略があることに気づく．もちろん大きいチップを取得することは良い行動の一つの指標となる．実際，図 8.4(b) で先手は，とることのできる 5 つのチップ $-5, 2, -1, -2, 5$ のうち，最も大きい 5 を取得しているようである．では，最も大きい数字が 2 つ以上あった場合にはどうだろうか．それどころか，あえて小さい数字をとることで後から得することもありそうである．図 8.4(d) で先手は，7 や 8 があるにもかかわらず，あえて 2 という小さい数字を取得している．一見損しているように見えるが，ここで 2 をとることによって，次に後手はマイナスのチップしか取得できなくなってしまうことに気づく．このように Mattix は，先を読むことが重要になってくるゲームである．また，Mattix では盤面上のチップがすべてなくなったときがゲーム終了とは限らない．図 8.4(f) は後手の手番だが，クロスチップの縦列にはもう 1 枚もチップがないため，ゲームの終了条件である，取得できるチップがない状態となり，まだ盤上にチップは残っているにもかかわらずゲーム終了となる．ということはそれを逆手にとり，あえて途中でゲームを終わらせることで勝利が近づくかもしれない.

Mattix の状態価値を考えてみよう．勝つためには何に着目すればよいだろうか．Mattix は，取得したチップに書かれている数字の合計が大きい方が勝つゲームである．そのときに自分の持っているチップの合計を状態価値とするのはどうだろうか．Mattix で使用する 35 枚のチップに書かれている数字をすべて合わせると 45 になる．このことから，その半分以上である合計 23 以上のチップを取得したら勝つことができるといってよいだろうか.

実はそうとは限らない．実際に図 8.4(f) のゲーム終了時点で後手は合計 34

のチップを持っていたが，先手はそれ以上のチップを持っている．このようなことがなぜ起こるかというと，マイナスの数が書かれたチップが存在するからである．盤面に大きなマイナスが残ったままゲーム終了とした場合，先手と後手の点数の合計は 45 を超えることがある．

それでは，何に着目するとよいだろうか．どんなに点数をとっていたとしても，相手がもっと大きな点数をとっていたら負けてしまうことがわかった．つまり，相手との差分が大事ということがわかる．本書では，自分の点数から相手の点数を引いたものを Mattix の状態価値として用いる．最終的にこの値が 0 よりも大きければ勝ち，小さければ負けとなる．

ここまできたら，Mattix の状態価値までもうひと頑張りである．このゲームの勝敗は，ゲーム終了時点の点数で決まる．ゲーム途中段階の点数は，当然有利不利に多少関係するかもしれないが，勝敗の判定には一切関係しない．したがって状態価値は，「現在の状態に対する自分の点数から相手の点数を引いたもの」とするよりも，「お互いが最善を尽くした結果，ゲーム終了時の自分の点数から相手の点数を引いたもの」とした方が，より正しく状態の価値を測れそうである．この状態価値は，一体どうやって計算すればよいのだろうか．

8.2.4 ゲーム木と Min-Max 法

本項では，Mattix の状態価値の計算方法について解説していく．状態価値として採用する「お互いが最善を尽くしたゲーム終了時の自分の点数から相手の点数を引いたもの」を計算するためには，先を読む必要がある．先を読むとは，具体的にどういうことだろうか．これについて，コンピュータが先を読む最強のアイデアの一つ，ゲーム木と Min-Max 法について見ていこう．

ゲーム木 (game tree) とは，ゲームの試合の流れを，グラフ理論の木を用いて表したものである．グラフ理論の木については決定木を扱った際にも言及した．木とは連結なグラフのうち，閉路がないようなものをいう（図 2.16）．実際に，木を使ってゲームを表現してみよう．

例として図 8.5(a) のような小さい Mattix を考えよう．図 8.5(a) は 3×3 の Mattix の初期状態を示している．この状態から，ゲームがどのように進み得るかを考えてみる．先手はクロスチップの横列にあるチップから 1 つ選ぶの

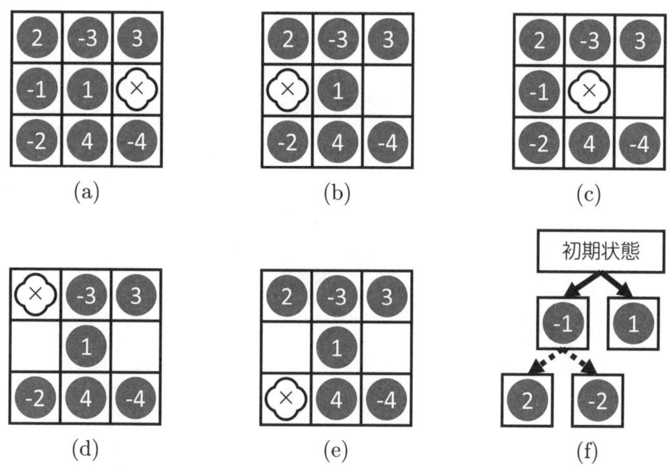

図 8.5 (a) 小さな Mattix の例．ゲーム開始時の盤面の状態．(b) 1 手目に先手が −1 をとった後の盤面の状態．(c) 1 手目に先手が 1 をとった後の盤面の状態．(d) 先手が −1 をとった後に後手が 2 をとった後の盤面の状態．(e) 先手が −1 をとった後に後手が −2 をとった後の盤面の状態．(f) (a)〜(e) の状態をゲーム木として表したもの．

で，この状態では，先手には 2 つの選択肢があり，−1 か 1 のどちらかを選ぶことになる．先手が −1 を選んだ場合，盤面の状態は図 8.5(b) のようになり，先手が 1 を選んだ場合，盤面の状態は図 8.5(c) のようになる．

先手が −1 を選び，図 8.5(b) の盤面になったとする．すると，今度は後手にはやはり 2 つの選択肢があり，2 か −2 のどちらかを選ぶことになる．後手が 2 を選んだ場合，盤面の状態は図 8.5(d) のようになり，後手が −2 を選んだ場合，盤面の状態は図 8.5(e) のようになる．

ここまでのゲームの流れをグラフとして表したものが図 8.5(f) である．実線の矢印が先手の行動，点線の矢印が後手の行動を表している．初期状態からは，先手の 2 つの選択肢があり，先手が −1 を選んだ先には後手の 2 つの選択肢があることを表している．このようなグラフのことをゲーム木と呼ぶ．

もちろん，まだ勝負は続くので，実際にはもっと大きなグラフになる．図 8.6 が試合終了までの完全なゲーム木である．グラフ理論の用語では，ゲーム木の一番上の頂点（四角）のことを根，一番下の頂点のことを葉と呼ぶ．根がゲームの開始時の状態に対応し，葉がゲームの終了時の状態に対応しているこ

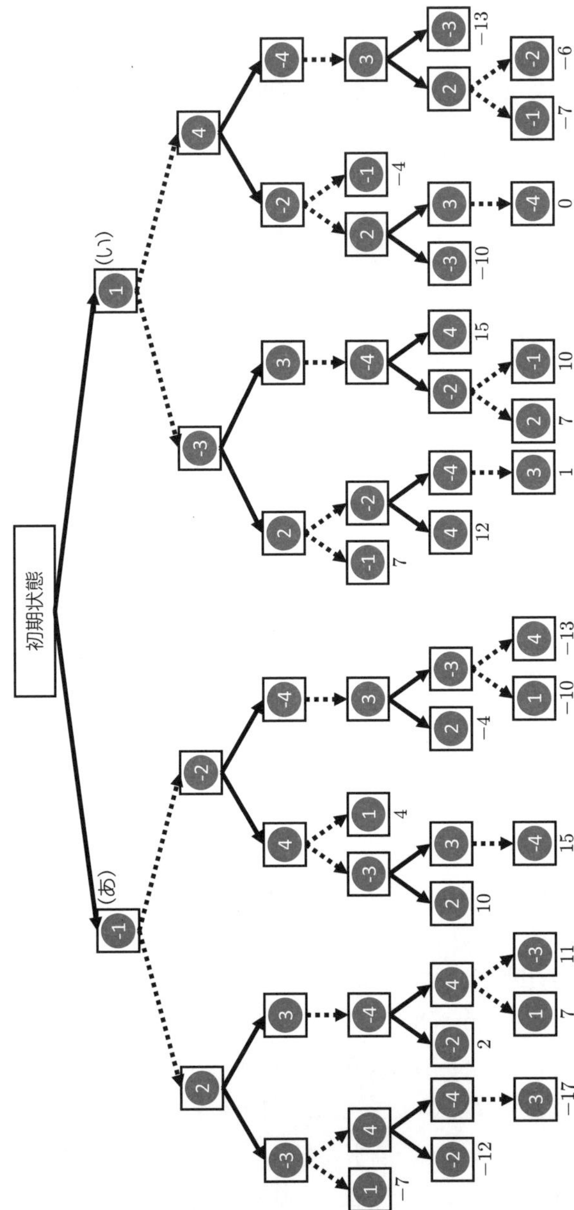

図 8.6 図 8.5(a) に対する完全なゲーム木．葉の下にある数字はゲーム終了時の得点差を表す．この情報をもとに，先手は（あ）と（い）で示された 2 つの選択肢から選ぶ．

とがわかる.

木には閉路がないため，根からある葉までの経路は一意に定まる．このことから，ゲーム木の特徴に，葉を 1 つ決めることで，ゲームの流れが一意に決まるというものがある．したがって，それぞれの葉，すなわちゲーム終了時の状態に対して，先手と後手の得点差，すなわち先手の点数から後手の点数を引いたものを求めることができる．図 8.6 では，それぞれの葉の下に数字が記されている．この数字が，ゲーム終了時の得点差である．Mattix は相手よりも大きな点数を目指すゲームだが，このようにゲーム木に置き換えることで，先手にとっては正の数が書かれた葉を，後手にとっては負の数が書かれた葉を目指すゲームとして扱えるようになる.

図 8.6 を踏まえて，改めて先手の行動について考えてみよう．初期状態では，先手には 2 つの選択肢があり，図 8.6 の（あ）と（い）のマークをつけた 2 つの頂点から 1 つを選ぶ．先手にとってどちらを選ぶのがより有利といえるだろうか.

（あ）を選んだ場合，その後にとりうる終了状態の中には得点差が 15 のものがある．一方で（い）を選んだ場合にも，やはり得点差が 15 のものがある．逆に（あ）を選んだ場合，得点差が −17 となってしまう終了状態があるが，（い）を選べば最悪でも −13 で済みそうである．15 で勝てる可能性もあり，最悪でも −13 で済む（い）を選ぶのは良い選択といえるだろうか．結論からいうと，良い選択とはいえない．なぜなら，先手が（い），すなわち 1 を選んだ後に，後手が 4 を選んだとしよう．すると，その後に起こりうる終了状態に正の数のものはなくなってしまう．これは，その時点で先手の勝ち目が完全になくなってしまったことを意味する.

先手は当然自分が得するように選択するが，それと同じように後手も自分が得するように，すなわち先手が損をするように選択をすると考えられる．このことを踏まえた上で行動を決定しなければならない．そこで，今回の状態価値としている「お互いが最善を尽くしたゲーム終了時の得点差」を考える．（あ）と（い）それぞれの状態価値を計算できれば，先手はその中からより状態価値の高い方を選択できる．これは選択肢が増えても同じことがいえる．それではこの状態価値は，どのように計算すればよいだろうか.

盤面の状態価値は，葉から根に向かって動的計画法による計算で求めることができる．つまり，葉の状態価値は既に計算できているので，その結果をうまく利用して，そのすぐ上の頂点の状態価値を計算していく操作を繰り返すことで，根に向かって順番に状態価値を求めていく．図 8.7 は，図 8.6 のゲーム木の一部を抜き出したものである．この図を例に，状態価値を計算してみよう．

まずは図 8.7 の（う）の頂点の状態価値を計算してみよう．（う）の状態からは，後手は既に 3 を選ぶしかなく，その結果得点差が −17 になることも求まっている．したがって，最善を尽くすも何も，既に試合は一方通行で最終的に得点差は −17 になるため，（う）の状態価値は −17 と考えてよい．

次に図 8.7 の（い）の頂点の状態価値を計算してみよう．（い）の状態からは，先手には 2 つの選択肢がある．ここで，どちらの選択に対しても，その後お互いが最善を尽くした際にどのような得点差になるかが既に求まっていることに着目する．一方は −12 で他方は −17 となっており，どちらを選んだとしても負けてしまうことがわかっている．しかしながら先手が自分にとっての

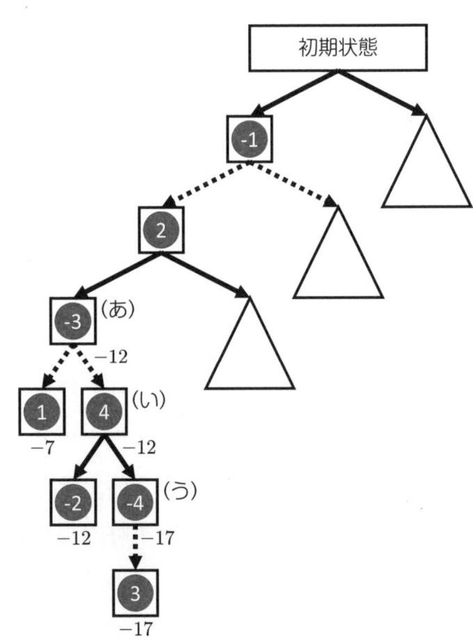

図 8.7 図 8.6 のゲーム木の一部

最善を尽くそうと考えた場合，最終的な得点差がより少ない −12 になる −2 を選ぶことがこの状態での最善の行動と仮定し，（い）の状態価値は −12 と考える．したがって，（い）の状態価値は，自分のすぐ下にあるいくつかの状態価値のうち最も大きいものと等しくなる．

次に図 8.7 の（あ）の頂点の状態価値を計算してみよう．先ほどの（い）の状態からは先手に 2 つの選択肢があったが，（あ）の状態からは，後手に 2 つの選択肢がある．今回も，どちらの選択に対しても，お互いが最善を尽くした際にどのような得点差になるかは既に求まっており，一方は −7 で他方は −12 である．注意しなければならないのが，先ほどは先手にとって望ましい方を選択したのに対して，ここで選択を行えるのは先手ではなく後手ということである．後手はなるべく先手が損するように行動することが最善といえるため，後手はより先手が損するように，得点差が −12 になる 4 を選ぶと仮定し，（あ）の状態価値は −12 と考える．したがって，先ほどとは異なり，（あ）の状態価値は，自分のすぐ下にあるいくつかの状態価値のうち最も小さいものと等しくなる．

このようにして，葉から根に向かって順番に計算することで図 8.7 の（あ）の頂点の状態価値を求めることができた．ゲーム木の状態価値を求めるときは，先手の手番では次に起こりうる状態価値のうち最も大きいものを，後手の手番では次に起こりうる状態価値のうち最も小さいものを求める．このように最大値 (max) と最小値 (min) を交互に求めることから，この手法は **Min-Max 法**とも呼ばれている．

同様の手法を用いて，他の 3 手目まで終了した状態に対応する頂点について計算したものが図 8.8(a) である．ここまでくればゴールが見えてくる．図 8.8(b) は 2 手目まで終了した状態に対応する頂点について状態価値を計算したものとなる．先手の手番なので，自分の下の頂点の状態価値のうち，最大値が状態価値になっている．図 8.8(c) が，求めたかった頂点の状態価値を計算したものである．後手の手番なので，自分の下の頂点の状態価値のうち，最小値が状態価値になっている．

このようにして，無事に状態価値を求めることができた．改めてもう一度質問しよう．初期状態では，先手には 2 つの選択肢があり，図 8.6 の（あ）と

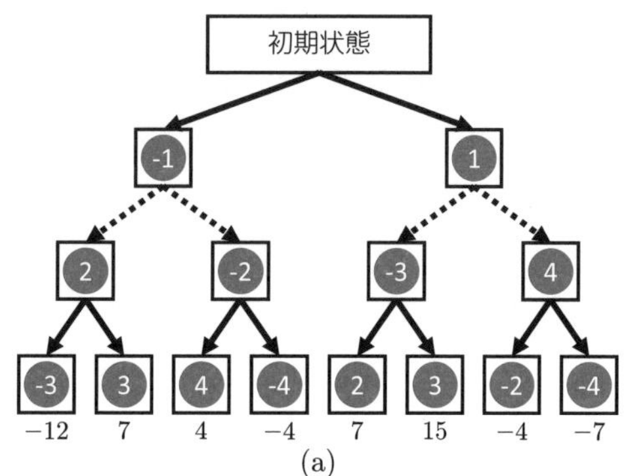

(a)

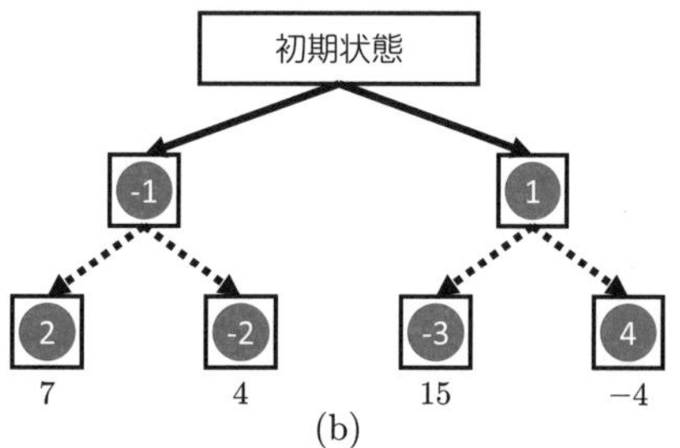

(b)

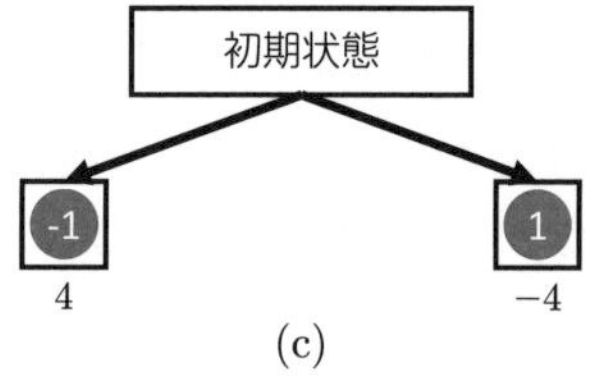

(c)

図 8.8 (a) 3 手目終了時の状態価値．(b) 2 手目終了時の状態価値．
(c) 1 手目終了時の状態価値．

(い）のマークをつけた2つの頂点から1つを選ぶ．先手にとってどちらを選ぶとより有利といえるだろうか．私たちはここまでの議論で，-1を選び（あ）に進んだ場合，状態価値が4になり，1を選び（い）に進んだ場合，状態価値が -4 になることを知っている．今回求めた状態価値の値は，「お互いが最善を尽くしたゲーム終了時の自分の点数から相手の点数を引いたもの」であり，-1 を選べば，その後先手が間違えた行動をしない限り，後手がどんなに頑張っても得点差が4以上で勝利できることを意味し，逆に1を選んでしまった場合，どんなに先手が頑張ったとしても後手が間違えない限り，得点差 -4 以下で負けてしまうことを意味している．

今回は小さなMattixを例として見てきたが，盤面が大きくなっても同様である．6×6 のMattixでゲーム木を作った場合，1回の行動の選択肢は最大で5通りあるため，図8.9(a)のようなゲーム木になる．本書には全体像を描き切ることができないが，先ほどの例と同様にゲーム終了までゲーム木を構成して，それぞれの状態価値を計算することで，先手にとって最善の行動を決めることができる．Min-Max法が最強のアイデアと述べたのはそのためである．

ところが，何事にも弱点は存在する．Min-Max法の弱点は計算時間である．先ほどさらっと「ゲーム終了まで」ゲーム木を構築すると述べたが，その場合に一体どれくらいの規模のグラフができるだろうか．3×3 のMattixでは，図8.6のように55通りの状態があった．これが 6×6 になると，単純計算で 10^{19}（1000京）通りを超えることになる．

2012年に理化学研究所と富士通が共同開発したスーパーコンピュータ「京」は，1秒間に1京回の演算が可能なことで知られている．仮にこのスーパーコンピュータを使って毎秒1京通りの終了状態を処理したとしても，1000秒（約16分）の計算時間がかかる．ちなみにスーパーコンピュータ京の利用料金は毎分2万円とのことなので，時間だけでなく多額のお金もかかってしまうことになり，これでは実用性に欠けてしまう．

そのため，Min-Max法を実際に使用するときには，ゲーム終了時点までゲーム木を構成するのではなく，例えば5手目までと決めてそこまでのゲーム木を構成し，5手先の得点差を状態価値として利用することもできる．もちろんゲーム終了まで読むのに比べて精度は落ちてしまうが，様々な工夫を行って

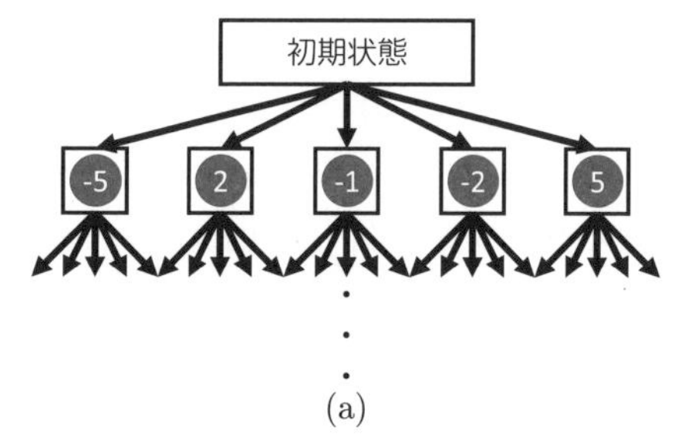

(a)

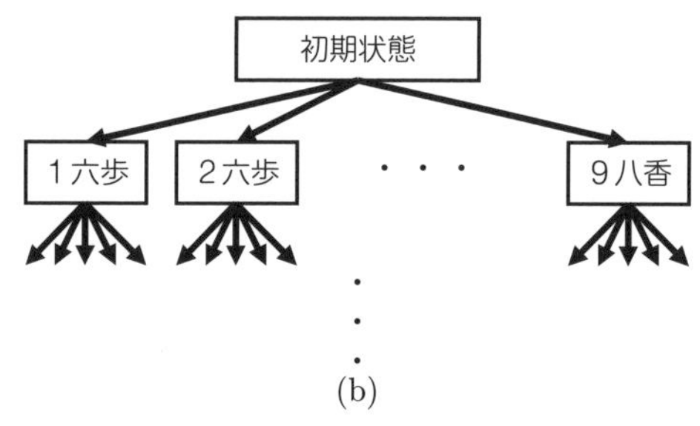

(b)

図 8.9 (a) 6 × 6 の Mattix に対して作成したゲーム木の例.
(b) 将棋に対して作成したゲーム木.

より先の手まで読むなど，工夫次第でいくらでも強くなる夢のあるアルゴリズムである.

Min-Max 法の強みは，どんなゲームにも適用できる点にある．将棋にも利用できる．将棋は最初の 1 手の段階で既に 30 通りの行動の選択肢があり，試合が進むにつれて選択肢はさらに増える．そのため天文学的なサイズのゲーム木になってしまうが，時間の制約さえ無視すれば，図 8.9(b) のようにゲーム木を作成することが可能となる．その後，ゲーム終了時の状態に対して，先手が勝っているならば 1，後手が勝っているならば -1，引き分けならば 0，と状態価値を定めることで，Min-Max 法で最善の行動を決めることができる.

ちなみに，上述の方法で求めた最善の行動の結果，行動価値が 1 になる場合，将棋では先手と後手が最善を尽くした場合に先手が勝つ先手必勝のゲームであることが示せ，同様に，-1 なら後手必勝，0 なら引き分けになるゲームであることが示せるが，2020 年現在，これを求められた人はまだいない．東京大学の鶴岡慶雅氏が開発した「激指」というソフト（表 1.1 も参照）は，毎分 1 億手の局面を探索することができるそうだが，将棋の各局面に対する次の 1 手が約 80 通りあると仮定しても，6 手先までのすべての盤面を探索するのに丸 1 日以上かかってしまう計算になる．

8.3 モンテカルロ法

前節で扱った Min-Max 法は，実際に利用する際には最後まで計算できないため，途中で探索を打ち切り，その時点での盤面を評価する必要があった．これは言い換えると，最終的に勝てるどうかがわからないということになる．Min-Max 法を 5 手目で打ち切った場合，5 手先までは先読みしたものの，実は次の 6 手目で大きく損をするといった事象を捉えることができないことになる．

この弱点を克服する方法の一つが，本節で扱うモンテカルロ法である．**モンテカルロ法** (Monte Carlo method) とは，シミュレーションや数値計算を乱数を用いて行う手法の総称である．今回の例でいうと，ある盤面からゲーム終了までの操作をランダムに選び，次にとることができる行動それぞれの勝率を求める手法となる．このような，ある盤面からゲーム終了までの操作をランダムに選び続けて勝敗を調べる 1 回の一連の動作のことを**プレイアウト**と呼ぶ．

図 8.10 は，図 8.4(a) に対してモンテカルロ法を動作させた例である．図 8.4(a) の状態から，先手は $-5, 2, -1, -2, 5$ のチップをとるという 5 種類の行動から選べる．モンテカルロ法では，この 5 つの選択肢それぞれに対して，その行動をした状態からプレイアウトを行う．例えば，先手が -5 をとった状態から，後手と先手で交互かつランダムにチップを選び続けたところ，先手の負けとなった．同様にプレイアウトをさらに 3 回やったところ，負け，勝ち，負けとなり，勝率は全部で 25% になった．このように，それぞれの行動に対して 4 回ずつプレイアウトをした結果が図 8.10 には書き込まれている．この結果によると，-2 を選ぶのが最も勝率が高いため，先手は -2 を選ぶ．

前節で扱った Min-Max 法は，途中で探索を打ち切り，その時点での盤面を評価するため，最終的に勝てるのかはわからないと述べた．それに対してモン

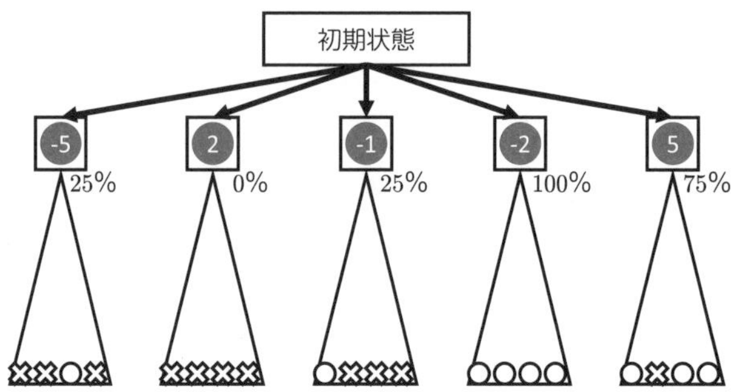

図 8.10 モンテカルロ法の動作例．次にとることのできる 5 通りの行動それぞれに対して 4 回ずつプレイアウトを行った結果，-2 を選ぶ行動で最も勝率が高くなった．ここで，マルは勝ち，バツは負けを表している．

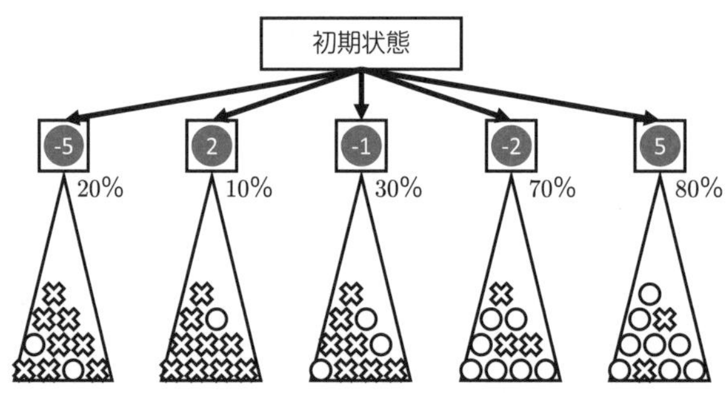

図 8.11 モンテカルロ法の動作例．図 8.10 の後，さらに 6 回ずつ計 10 回のプレイアウトを各行動に対して行った．その結果，5 を選ぶという先ほどとは異なる行動が最も勝率が高くなった．先ほど同様マルは勝ち，バツは負けを表している．

テカルロ法では，ランダムにではあるものの，ゲーム終了時まで探索を行うため，最終的に勝てる可能性の高い操作を選べるという利点がある．

一方で，そのランダム性が不利に働くこともある．図 8.10 で，例えば 2 を選んだ場合の勝率は 0% とあるが，これはあくまで 4 回のプレイアウトを行った際の勝率であり，実際の勝率ではないことに注意が必要となる．つまり，たまたまランダムの引きが悪くて負けてしまったが，実は非常に勝利に近い良い手であった可能性がある．逆に -2 を選んだ場合の勝率は 100% とあるが，こちらも実際の勝率とは限らない．図 8.11 は，図 8.10 の後さらに 6 回ずつ計

10 回のプレイアウトを各行動に対して行ったものである．図 8.10 と図 8.11 では，勝率が異なるだけでなく，勝率が最も高い行動さえも変わってしまっている．

このランダムによる弱点を克服する最も単純な方法は，プレイアウトの回数を増やすことである．しかし，プレイアウトの回数に比例して計算時間も増えてしまう．次項では，プレイアウトの回数を増やすことなく精度を上げる方法について触れる．

8.3.1 多腕バンディット問題

ここで扱うのは，プレイアウト回数の分配という手法である．前項では，すべての行動に対して同じ回数のプレイアウトを行っていたが，同じ回数を行わなければいけないという決まりはない．では，行動ごとにプレイアウトの回数を変えるとはどういうことだろうか．

モンテカルロ法のプレイアウトは，ゲーム終了までの行動をランダムに選択するため，正確な勝率が得られるとは限らない．一方で，正確ではないにしても，プレイアウトの回数を増やしていくにつれて，ある程度信用できる数字が出てくることは統計的に示せる．例えば正確な勝率が 99% であるような状態に対して，プレイアウトを 100 回やって 100 回負ける確率は非常に低いものになる．したがって，何回かプレイアウトをしていくうちに，それぞれの行動の候補に対して「この行動は勝率が低そうだ」「この行動は勝率が高そうだ」という傾向が明らかになっていく．求めたいのは最も勝率の高い行動であるため，「勝率の低そうな行動」が次の行動の選択に影響してくることは滅多にない．一方で，「勝率の高そうな行動」が複数ある場合には，それらの行動のプレイアウト回数を増やし，より正確な勝率を求めることで，より正確に行動を選択できるようになる．実際，図 8.11 の例ではプレイアウト数を増やすことによってより良い行動を見つけることができたが，図 8.12 のように，「勝率の高そうな行動」に対してプレイアウト数を増やしていくことで，より効率的に，精度の高い勝率を計算できている．

プレイアウト回数の分配にたいへん深い関係のある問題が**多腕バンディット問題** (multi-armed bandit problem) である．多腕バンディット問題とは，

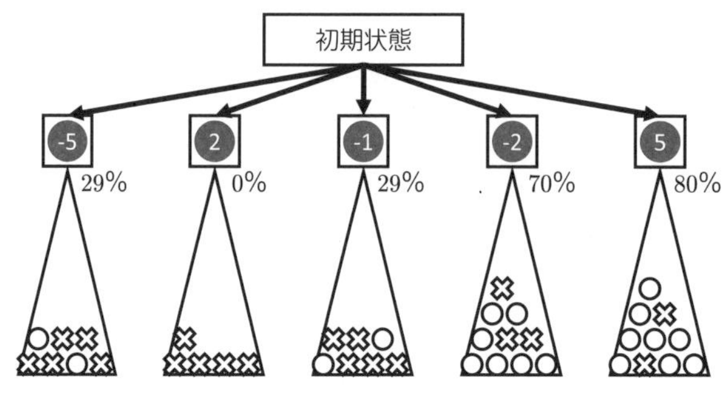

図 8.12 プレイアウト回数の分配の例．勝率の高そうな行動に対して精度の高い勝率がわかるとよい．

元々スロットマシンの報酬を最大化する問題で，次のように定義される．

多腕バンディット問題

いくつかのスロットマシンがあり，スロットマシンごとにある値が指定されているが，プレイヤーはその値を知らない．プレイヤーがスロットマシンを1つ選びプレイすると，そのスロットマシンに指定された値が平均となるような報酬がランダムに得られる．プレイヤーが決められた回数プレイする場合，どのスロットマシンをどの順番でプレイすれば，報酬の期待値を最大化できるか？

スロットマシンごとに報酬の平均値が異なるため，スロットマシンに指定された値を知っているとすれば，プレイヤーはその指定値が最も高いスロットマシンのみをプレイすることが最適な方針となる．しかし，プレイヤーはその値を知らないため，基本的に次のような2つ戦略をとることになる．

探検 報酬の期待値が高いスロットマシンを探す．
収穫 期待値が高そうなスロットマシンから報酬を得る．

ポイントになるのは，この2つの戦略のバランスである．探検ばかりをしていて収穫をしないと，期待値の高いスロットマシンは高い精度で見つけられるが，肝心の報酬が減ってしまう．一方で収穫ばかりしていると，実はもっと期待値の高いスロットマシンがあるにもかかわらず，それを見逃してしまっている可能性が出てくる．

この，探検と収穫のバランスをうまくとるようなアルゴリズムに UCB (upper confidence bound) というアルゴリズムがある．このアルゴリズムでは，最初にすべてのスロットマシンを 1 回ずつプレイした後は，毎回それぞれのスロットマシン i に対して以下の値を計算し，最もその値が大きくなるスロットマシンを次にプレイする．

$$\mu_i + \sqrt{\frac{2\log_e t}{t_i}}$$

ここで，μ_i はこれまでにプレイしたスロットマシン i の報酬の平均値，e は自然対数の底，t はこれまでにすべてのスロットマシンをプレイした回数の合計，t_i はこれまでにスロットマシン i をプレイした回数を示す．

μ_i はいうまでもなく，スロットマシン i の報酬の平均値が大きいほど大きな値になる．また，$\sqrt{2\log_e t/t_i}$ はスロットマシン i のプレイ回数が他のスロットマシンに比べて少ないほど大きな値になる．UCB は，これら 2 つの値がうまい具合に探検と収穫のバランスをとってくれるアルゴリズムである．このアルゴリズムを利用することで，最悪の場合でも，期待値の最も高いスロットマシンのみをプレイし続けた場合に比べて，$O(1/\log t)$ の報酬を得られることが示されている．ここで，t はすべてのスロットマシンをプレイした回数の合計を示す．

8.4 時間的差分学習（TD 法）

最後に紹介する**時間的差分学習** (temporal difference learning) は，ここまでに紹介した動的計画法とモンテカルロ法のいいとこどりを狙った方法で **TD 法**とも呼ばれる．動的計画法では，計算しなければならないことが膨大になりやすく，現実的な時間で完了するためには計算を途中で打ち切らなければならず，全体像をつかみきれないという弱点があった．また，モンテカルロ法では，最後まで計算しないと推定値を更新できないという弱点があった．

8.4.1 格子上のランダムウォーク

ここでは，強化学習の対象として，格子上のランダムウォークを扱う．図8.13のような格子を考えよう．プレイヤーはA，B，C，Dのマスから1つを選び，コインを置く．コインが一番上の段にいるとき，コインは50%の確率で右に，50%の確率で下に移動する．コインが一番下の段にいるとき，コインは50%の確率で右に，50%の確率で上に移動する．コインがそれ以外の中間の段にいるとき，コインは50%の確率で右に，それぞれ25%ずつの確率で上か下に移動する．このランダムな移動を繰り返し，最終的に格子から外に出た際に，格子の右側に書いてある報酬がもらえるとする．一番上の段から右側に出た際には20の報酬がもらえるが，上から2段目より右側に出た場合には報酬はもらえない．

このような状況を考えたとき，A，B，C，Dのどのマスを選ぶと，プレイヤーは報酬の期待値を最も大きくできるだろうか．今回も状態価値を計算することで，それぞれのマスの良さを求めよう．本項では格子状のランダムウォークの状態価値として，「コインがそのマスにいるときに，将来的に得られる報酬の期待値」を用いる．この状態価値はどのように計算できるだろうか．

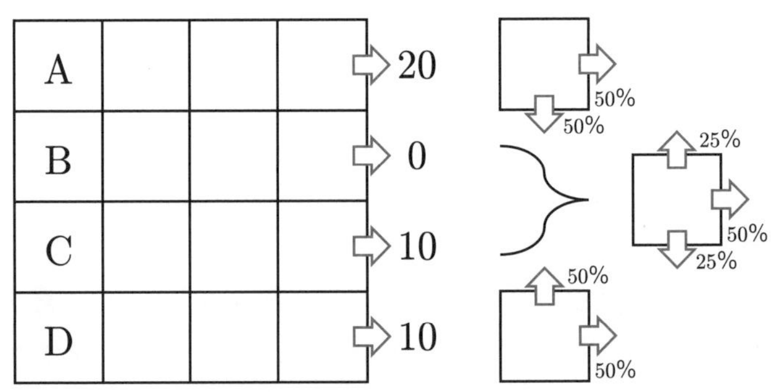

図8.13 格子上のランダムウォークの例

■ 動的計画法による解法

実のところ，この格子状のランダムウォークに対して動的計画法は適切な手法ではないのだが，まずは動的計画法を用いて，各マスの状態価値を計算して

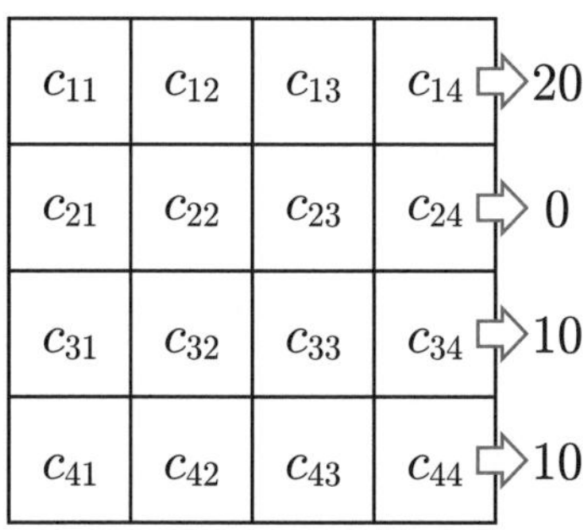

図 8.14 格子上のマスの名前

みよう．図 8.13 の格子のそれぞれのマスに，図 8.14 のように c_{11}〜c_{44} の名前をつける．マス c_{ij} の状態価値，すなわち，コインが c_{ij} に置かれている際に，将来的に得られる報酬の期待値を $V(c_{ij})$ と置く．例えば，コインが c_{11} に置かれている場合，コインは 50% の確率で c_{12} に移動し，50% の確率で c_{22} に移動するため，マス c_{11} の状態価値 $V(c_{11})$ は

$$V(c_{11}) = 0.5V(c_{12}) + 0.5V(c_{21})$$

で計算できる．また，例えば，コインが c_{14} に置かれている場合，コインは 50% の確率で格子の外に移動し，20 の報酬を得て，50% の確率で c_{24} に移動するため，マス c_{14} の状態価値 $V(c_{14})$ は

$$V(c_{14}) = 0.5 \times 20 + 0.5V(c_{24})$$

で計算できる．

同様に，16 個のマスそれぞれに対して式を立てることで，次のような連立方程式が得られる．

$$
\begin{cases}
V(c_{11}) = 0.5V(c_{12}) + 0.5V(c_{21}) \\
V(c_{12}) = 0.5V(c_{13}) + 0.5V(c_{22}) \\
V(c_{13}) = 0.5V(c_{14}) + 0.5V(c_{23}) \\
V(c_{14}) = 0.5 \times 20 + 0.5V(c_{24}) \\
V(c_{21}) = 0.5V(c_{22}) + 0.25V(c_{11}) + 0.25V(c_{31}) \\
V(c_{22}) = 0.5V(c_{23}) + 0.25V(c_{12}) + 0.25V(c_{32}) \\
V(c_{23}) = 0.5V(c_{24}) + 0.25V(c_{13}) + 0.25V(c_{33}) \\
V(c_{24}) = 0.5 \times 0 + 0.25V(c_{14}) + 0.25V(c_{34}) \\
V(c_{31}) = 0.5V(c_{32}) + 0.25V(c_{21}) + 0.25V(c_{41}) \\
V(c_{32}) = 0.5V(c_{33}) + 0.25V(c_{22}) + 0.25V(c_{42}) \\
V(c_{33}) = 0.5V(c_{34}) + 0.25V(c_{23}) + 0.25V(c_{43}) \\
V(c_{34}) = 0.5 \times 10 + 0.25V(c_{24}) + 0.25V(c_{44}) \\
V(c_{41}) = 0.5V(c_{42}) + 0.5V(c_{31}) \\
V(c_{42}) = 0.5V(c_{43}) + 0.5V(c_{32}) \\
V(c_{43}) = 0.5V(c_{44}) + 0.5V(c_{33}) \\
V(c_{44}) = 0.5 \times 10 + 0.5V(c_{34})
\end{cases}
$$

変数16個に対して式も16個あるため，この連立方程式は1つの解をもち，実際に解くと図8.15(a)のように各マスの状態価値を計算できる．

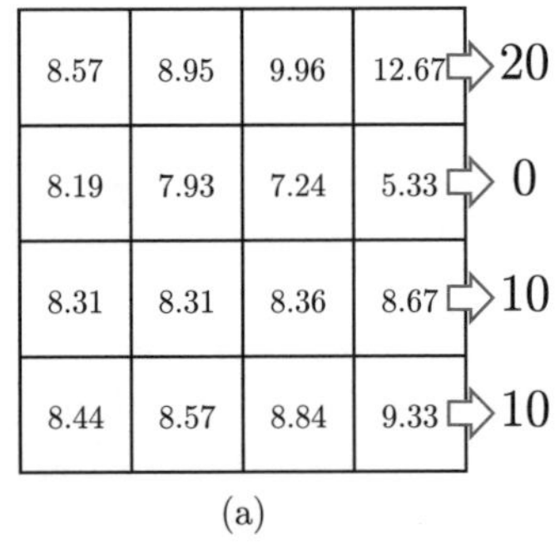

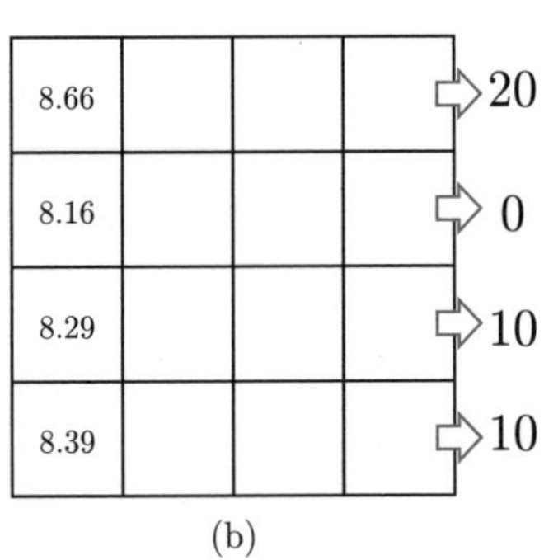

図8.15 格子上のランダムウォークの状態価値．(a) 動的計画法で求めたもの．(b) モンテカルロ法で求めたもの．

図 8.13 の A，B，C，D のマスに対応している，動的計画法で求めた図 8.15 (a) の各状態価値を比べると，A のマスの状態価値が 8.57 と最も高くなっているため，コインを A に置くことがプレイヤーの最善の行動であるとわかる．

■ モンテカルロ法による解法

次に，モンテカルロ法を用いて各マスの状態価値を計算してみよう．モンテカルロ法では，とることのできるそれぞれの行動に対して，ゲーム終了までその行動から先をランダムに実行した際の報酬を求めるものだった．例えば，図 8.13 のマス A にコインを置き，ランダムに動かしてみることを 10000 回試して，その報酬の平均を求める．同様の操作を B，C，D のマスにもそれぞれ行う．

このようにして求めたそれぞれのマスの状態価値は，図 8.15(b) のようになった．注意しなければならないのは，モンテカルロ法で求まるのはあくまでランダムに試行した結果であって，モンテカルロ法を実行するたびに図 8.15(b) とまったく同じ値が毎回求まるとは限らないということである．事実，動的計画法で求めた図 8.15(a) の値とは少しずつ異なっていることが読み取れる．図 8.15(b) は各マスに対して 10000 回の試行を行っているが，時間の許す範囲で試行回数を増やすことで，図 8.15(a) の値に収束していく．

モンテカルロ法を用いても，それぞれのマスの状態価値を求めることができたため，あとはその中で最も状態価値の高い 8.66 のマスを選択すればよいことになる．

■ 時間的差分学習（TD 法）による解法

ここからは，本節のメインテーマである時間的差分学習（TD 法）による解法を紹介する．動的計画法による手法では，コインの次の移動先の状態価値から，現在の状態価値を求められることを利用して計算を行った．しかし，格子状のランダムウォークに対して動的計画法はあまりいいアイデアとはいえない．その理由は，例えば図 8.14 で名前をつけた c_{22} の状態価値 $V(c_{22})$ を求めるためには，その移動先である c_{32} の状態価値 $V(c_{32})$ が事前にわかっている必要がある．一方で，その $V(c_{32})$ を求めるためには，今度は $V(c_{22})$ が事前にわかっている必要がある．そのため，どちらを先に計算することもできず，結果として膨大な数の連立方程式を解く必要が出てきてしまった．今回は小さな例を扱っていたが，もっと複雑なゲームに対して同様のアイデアを用いた場合，その状態の数だけ式が出てくることになり，計算には途方もない時間がかかってしまう．

TD 法で行う計算は先ほどの動的計画法で利用した式と似ているが，次のような工夫を行うことで，動的計画法の問題点を克服している．TD 法では，すべての状態に対して，仮の状態価値を最初に決めてしまう．図 8.16(a) のように，初めにすべてのマスの状態価値を 0 と置く．動的計画法を利用しようとした場合には，どのマスからも計算を始められなかったのに対して，TD 法ではこうすることで，仮の状態価値を利用し，どのマスからでも計算を始められるようになる．

実際に状態価値を計算してみよう．c_{14} の状態価値 $V(c_{14})$ は，c_{24} の状態価値 $V(c_{24})$ を利用して次のように求めることができる（図 8.16(b)）．

$$\begin{aligned} V(c_{14}) &= 0.5 \times 20 + 0.5V(c_{24}) \\ &= 0.5 \times 20 + 0.5 \times 0.00 \\ &= 10.00 \end{aligned}$$

ここで，式自体は動的計画法で利用したものと同じだが，使用している状態価値の値は仮のものであることから，それによって求まる状態価値もまた仮のものであることに注意しよう．さて，c_{14} の状態価値は最初に仮の値 0.00 と置いていたが，この値をいま計算した新しい仮の状態価値 10.00 で置き換える．これを値の更新と呼ぶ．

さらに例として，c_{24} の状態価値を求めてみよう．c_{24} の状態価値 $V(c_{24})$ は，$V(c_{14})$ と $V(c_{34})$ の値を用いて計算できた．こちらも動的計画法と同じ式を利用して次のように求めることができる（図 8.16(c)）．

$$\begin{aligned} V(c_{24}) &= 0.5 \times 0 + 0.25V(c_{14}) + 0.25V(c_{34}) \\ &= 0.5 \times 0 + 0.25 \times 10.00 + 0.25 \times 0.00 \\ &= 2.50 \end{aligned}$$

(a)

0.00	0.00	0.00	0.00
0.00	0.00	0.00	0.00
0.00	0.00	0.00	0.00
0.00	0.00	0.00	0.00

(b)

0.00	0.00	0.00	10.00
0.00	0.00	0.00	0.00
0.00	0.00	0.00	0.00
0.00	0.00	0.00	0.00

(c)

0.00	0.00	0.00	10.00
0.00	0.00	0.00	2.50
0.00	0.00	0.00	0.00
0.00	0.00	0.00	0.00

(d)

1.25	2.50	5.00	10.00
1.25	1.88	2.50	2.50
1.41	2.19	3.44	5.63
2.66	3.91	5.63	7.81

(e)

2.81	4.38	6.88	11.25
3.05	3.98	4.69	4.22
4.06	5.26	6.58	8.01
5.29	6.53	7.79	9.00

(f)

7.58	8.45	9.77	12.63
7.54	7.64	7.14	5.31
7.90	8.13	8.30	8.66
8.18	8.47	8.81	9.33

図 8.16　TD 法による格子上のランダムウォークの状態価値の導出．(a) 初期状態．(b) c_{14} の状態価値を更新したもの．(c) c_{24} の状態価値を更新したもの．(d) すべてのマスの状態価値を 1 回ずつ更新したもの．(e) すべてのマスの状態価値を 2 回ずつ更新したもの．(f) すべてのマスの状態価値を 5 回ずつ更新したもの．

ここで，$V(c_{14})$ の値として，先ほど求めた新しい仮の値を用いていることに注意する．

同様の計算を繰り返し，すべてのマスに対して仮の状態価値を求め，更新したものが図 8.16(d) である．ただし，これで TD 法は終了ではない．図 8.16(d) で示されている状態価値の値は，仮の状態価値の値をもとに求めているため，これもまた仮の状態価値なのである．特に注意しなければならないのが，先ほど値を用いるために利用した仮の値のうちいくつかは，既に更新され，変わってしまっているという点である．先ほど例として c_{14} の状態価値 $V(c_{14})$ を計算し，10.00 という値を求めた（図 8.16(b)）．この 10.00 という値を求める際に利用した $V(c_{24})$ は，そのときは 0.00 であったが，その後の更新によって 2.50 になっている（図 8.16(c)）．したがって，いま一度 $V(c_{14})$ を計算すると

$$
\begin{aligned}
V(c_{14}) &= 0.5 \times 20 + 0.5V(c_{24}) \\
&= 0.5 \times 20 + 0.5 \times 2.50 \\
&= 11.25
\end{aligned}
$$

となり，先ほどとはまた違う仮の状態価値が求まることになる．

以上より，ここで再びすべてのマスに対して，今度は最初に設定した図 8.16 (a) の仮の状態価値ではなく，すべてのマスに対して 1 回ずつ計算した図 8.16 (d) の新しい仮の状態価値を用いて計算することで，先ほどとは異なった計算結果が得られることになる．実際にすべてのマスに対して状態価値を計算し直すと，図 8.16(e) のようになる．同様にすべてのマスに対する更新を 5 回行ったものが図 8.16(f) である．図 8.15(a) は動的計画法を用いて計算した正確な状態価値であるが，1 回目，2 回目，そして 5 回目の更新を行った後の仮の状態価値と比べてみると，正しい値（動的計画法を用いて計算した値）に近づいていることがわかる．

すべてのマスに対して計算を行う順番にもよるが，今回の例の場合は大体 15 回も更新を行うと，小数点以下第 2 位までは動的計画法を用いて計算した値と一致した．連立方程式のような難しい計算を一切することなく，動的計画法と同等の精度で状態価値を求めることができた．

TD 法の利点はもう一つある．計算を途中で打ち切ることができるという点である．動的計画法では，連立方程式さえ解ければすべてのマスの正確な状態価値を求めることができた．しかし，それは裏返すと，連立方程式が求まるまではそれぞれのマスの状態価値は一切わからないということになる．したがって，実際に利用する際には計算が終わるまで待たなければならない．一方で TD 法の場合，最初から各マスには正確ではないものの，仮の状態価値が与えられる．この値は計算中，何回も何回も更新を繰り返して正確な値に近づいていくが，例えば計算途中のある時点で「これ以上は待てない」という状況になった場合，そこで打ち切ってしまったとしても，その時点で求めた仮の状態価値を利用して行動を決定することができる．もちろんかけることのできる時間が少なければ少ないほど精度は落ちるが，許される時間に応じてフレキシブルにその精度を変えられるということは，実用上大きな意味をもつ．

8.4.2 行動価値

ここまでで取り上げてきたのは，TD 法の最も単純な例であった．以降は，TD 法を改良するいくつかのテクニックを紹介していく．

まずは，**行動価値** (action value) という考え方である．ここまで扱ってきた強化学習では，それぞれの状態に対して状態価値を求めることで，現在の状態から選択できる行動の中で最も行動後の状態価値が高くなる行動を選択・決定していた．

もちろんその考え方で十分強化学習を実装できるのだが，状態ではなく，行動そのものの価値を計算することでも強化学習を実装できる．つまり，それぞれの状態から次にとることのできる行動それぞれに対して，その行動価値を求める．これによって，ある状態から次の行動を決定する際には，その状態から選択できるそれぞれの行動に対する行動価値を比べて，より高い行動価値をもっている行動を選択する．

そのような強化学習の手法として，Sarsa と Q 学習という 2 つの手法が有名である．これらはどちらも TD 法の一種であるが，状態価値ではなく行動価値を求める手法となっている．

8.4.3 割引率

次に，割引率という考え方を紹介する．先ほどの格子状のランダムウォークの例では，状態価値として「将来的に得ることのできる報酬の期待値」というものを利用した．一方で，例えば「近い未来に大きな報酬がもらえる状態」と「すごく遠い未来に大きな報酬がもらえる状態」を考えた際に，前者の方が好ましいと捉えたい状況は多々ある．皆さんが 10 万円もらえることになったとしよう．それがすぐにもらえるなら，もちろんとても嬉しいが，それが 10 年後や 20 年後にもらえるとわかっても，あまり嬉しくないだろう．

このような状況を捉えるための手法に，割引率という考え方がある．**割引率** (discount rate) は，将来の状態価値をどれくらい割引いて考えるかを示すパラメータである．例えば割引率を γ，i 回の行動の後に得られる報酬の期待値を r_i としよう．これまでの考え方では，将来的に得られる報酬の合計の期待値を考えていたため，

$$r_1 + r_2 + r_3 + \ldots$$

で価値を計算していたが，これに割引率を考慮すると

$$\gamma r_1 + \gamma^2 r_2 + \gamma^3 r_3 + \ldots$$

となる．

8.4.4 学習率

先ほどの格子状のランダムウォークの例では，新しく状態価値を計算した際に，仮の値を完全に上書きしていた．ところが，そのように更新を行っていると，値が振動してしまってうまく収束しない場合がある．このときに利用されるのが**学習率** (learning rate) という考え方である．元々の値を新しい値を用いて更新する際に，完全に新しい値に変えるのではなく，少しずつ新しい値に近づけていくイメージである．元々の値を V，新しい値を V'，学習率を α としたときに，

$$(1 - \alpha)V + \alpha V'$$

を新しい仮の値とする考え方となる．

学習率は 0〜1 の間で自由に設定できる．8.4.1 項で扱った考え方は学習率が 1 の場合に相当し，毎回完全に新しい値に変えるのと同じ動作になる．学習率を小さくすれば小さくするほど更新の幅が小さくなり，値の振動が起こりにくくなるが，収束までに必要な反復の回数はその分多くなってしまう．それを防ぐために，学習率を最初は大きめに設定しておき，収束が進むにつれてだんだんと小さくしていくというような手法もある．

演習問題

8.1 本章で扱った強化学習の発展によって，何ができるようになったか論じなさい．

8.2 次のようなゲームを考える．2 人の前にコインが 5 枚置いてあり，これを山と呼ぶ．先手と後手が順番に山からコインを「1 枚とる」もしくは「2 枚とる」という行動

を，山にコインがなくなるまで繰り返す．最後の 1 枚をとった人が負けとする．このゲームに対して，ゲーム木を作成し，以下の点から考察しなさい．このゲームの初手の最善手は何か．また，このゲームは先手必勝か，あるいは後手必勝か．

8.3 次のようなゲームを考える．3 つのマスが横に並んでおり，そのうちの 1 つのマスを選んでその上にコインを置く．サイコロを振り，1，2 のどれかが出たら 1 つ左のマスにコインを移動，3，4，5 のどれかが出たら 1 つ右のマスにコインを移動，6 が出たら 10 ポイントを獲得する．一番左のマスにコインが置かれているときに左へ移動しようとした場合，2 ポイントを獲得して，ゲームを終了する．一番右のマスにコインが置かれているときに右へ移動しようとした場合，ポイントは獲得できずに，ゲームを終了する．それ以外の場合はゲームが終了せず，サイコロを繰り返し振る．ゲーム終了までになるべく多くのポイントを獲得するためには，最初に 3 つのマスのうちどのマスにコインを置くのがよいか．モンテカルロ法を用いて考察しなさい．

8.4 あなたはクッキーを 10 秒毎に 1 枚焼くことができる．いま 0 枚のクッキーが手元にあり，なるべく早く 10 枚のクッキーを手に入れたい．あなたの隣にはクッキーが大好きな妖精がおり，クッキー 2 枚を「めん棒」と，クッキー 4 枚を「抜き型」と，いつでも交換してくれる．「めん棒」を持っていると，クッキーを 8 秒毎に焼くことができる．「抜き型」を持っていると，クッキーを 5 秒毎に焼くことができる．また，「めん棒」と「抜き型」の両方を持っていると，クッキーを 3 秒毎に焼くことができる．妖精の力を借りずにクッキーを 10 枚用意する場合には，1 枚当たり 10 秒かかるため，合計で 100 秒がかかる．一方，50 秒でクッキーを 5 枚焼いた時点で妖精に「抜き型」と交換してもらうと，クッキーを 4 枚を妖精に渡すためクッキーが 1 枚に減ってしまうが，残りの 9 枚を 45 秒で焼くことができるため，合計 95 秒となる．状態を「現在のクッキーの枚数，めん棒を持っているか，抜き型を持っているか」，状態価値を「10 枚焼き終わるまでにかかる時間」として，TD 法を用いて最も効率的なクッキーの焼き方を計算しなさい．

8.5 前問 8.4 を，TD 法ではなく動的計画法を用いて計算しなさい．状態の数が多いにもかかわらず，動的計画法を利用できた理由を考察しなさい．

第 Ⅳ 部

深層学習

第9章 深層学習

9.1 深層学習とは

深層学習 (deep learning) とは機械学習そのものではなく，機械学習で利用される有名な手法の一つである．深層学習は，教師あり学習・教師なし学習・強化学習のどれかに属するというものではないが，それらのすべてに使用できる．

深層学習が世界中で話題になったのは，2012 年のことだった．2012 年に行われた ILSVRC (The ImageNet Large Scale Visual Recognition Challenge) という画像認識に関する大会で，深層学習を使ったチーム（SuperVision，カナダ・トロント大学）が 2 位に圧倒的な差をつけて優勝した．それでは深層学習はいつから研究されているのだろうか．実は深層学習の研究は，Warren S. McCulloch と Walter Pitts が形式ニューロンを提案した 1943 年にまで遡る．これがいわゆるニューラルネットワークの登場である．

1958 年に Frank Rosenblatt は，この形式ニューロンを機械学習に適用し，パーセプトロンと呼ばれる手法を確立した．この頃から第 1 次 AI ブームと呼ばれる時代が始まる．しかし，そのブームも長くは続かなかった．ニューラルネットワークが単純すぎるとデータからパターンを見つけ出す能力が低いことが証明され，一方でニューラルネットワークが複雑すぎると，とても実用的な時間で計算が終わるようなものではなかったためである．

それから月日が流れ，コンピュータの性能向上や，様々な新しいテクニックの登場により，複雑な計算も高速に解けるようになった．そして実用に耐える能力をついに手に入れたのが，上述の 2012 年のことだった．

深層学習では，ニューラルネットワークというものを利用して学習を行う．ここまでに紹介してきた機械学習では，データを分割する直線を求めたり，値を推定する曲線を求めたりした．深層学習では直線や曲線ではなく，データを分割したり値を推定したりするニューラルネットワークを求める．このニューラルネットワークとは何者なのだろうか．

9.2 ニューラルネットワークとは

私たちの脳内では，様々な計算が行われ，特に脳の情報処理は，**ニューラルネットワーク**（神経回路網）によって行われている．ニューラルネットワーク内では，ニューロンが情報を伝達し合い，ニューロンの**活性化** (activation) が情報処理の重要な役割を担っている．活性化とは，ニューロンが電気信号を発する現象（電位変化）のことである．例えばあるニューロンが外部から刺激を受けて活性化したとしよう．すると，その活性化したニューロンは，接続している別のニューロンに対して電気信号を送る．その電気信号を受け取ったニューロンは，その信号がある程度強く，あるしきい値を超えた場合には活性化し，さらに接続しているニューロンに電気信号を送る．受け取った電気信号がある程度強くなければ，すなわちしきい値を超えなかった場合には，ニューロンは活性化することも電気信号を送ることもない．

ここまでの説明から，ニューラルネットワークが論理回路に似ていると感じた人もいるかもしれない．ニューラルネットワークも論理回路も，素子同士が接続され，電気信号をやりとりして何かを計算するという点で同じである．また，論理回路の設計思想として，「素子数が少ない回路を設計したい」「計算時間の短い回路を設計したい」といったものがあるが，実は脳内のニューラルネットワークも同じである．脳内のニューロンの数は限られているため，なるべく少ない素子数で計算を行いたいはずである．また，人間は物事を瞬時に判断しなければならないため，計算時間が短いことも重要なはずである．このようなことから，回路計算量理論の分野で培われてきた論理回路の解析技術を用いてニューラルネットワークの仕組みを解析できるのではないかと考え，ニューラルネットワークを論理回路にモデル化して脳の仕組みを解明する研究が1943年から長年行われている．機械学習で利用する「ニューラルネットワーク」とは，この「論理回路にモデル化されたニューラルネットワーク」に他ならない．

以降では，ニューロンを論理素子にモデル化した**しきい値素子** (threshold gate) と，ニューラルネットワークを論理回路にモデル化した**しきい値回路** (threshold circuit) について紹介していく．しきい値素子やしきい値回路は，深層学習ではそれぞれニューロンやニューラルネットワークと呼ばれているものだが，混乱を避けるため，本節では「しきい値素子」「しきい値回路」という言葉を使用する．

9.2.1 ニューロンのモデル化：しきい値素子

ニューロンは外部からの刺激による電位の変化がしきい値を超えると活性化するものだった．これを論理素子にモデル化するとどうなるだろうか．ニューロンを論理素子にモデル化したしきい値素子には，入力と出力がある．図9.1(a) は，しきい値素子を示したものである．しきい値素子には n 本の入力があり，入力それぞれに対して重みが与えられる．また，しきい値素子にはしきい値が与えられている．しきい値素子に $X = (x_1, x_2, \ldots, x_n)$ が入力された場合，しきい値素子の出力 $g(X)$ は次の式で表される．

$$g(X) = \begin{cases} 1 & \text{if } \sum_i w_i x_i \geq t \\ 0 & \text{それ以外.} \end{cases} \tag{9.1}$$

具体例を用いて理解を深めよう．図9.1(b) は3つの入力をもつしきい値素子の具体例だ．重みはそれぞれ $3, 2, -2$ で，しきい値は3である．このしきい値素子に，$X = (x_1, x_2, x_3) = (1, 1, 0)$ と入力された場合を考えよう．式(9.1)を今回の場合に当てはめると，

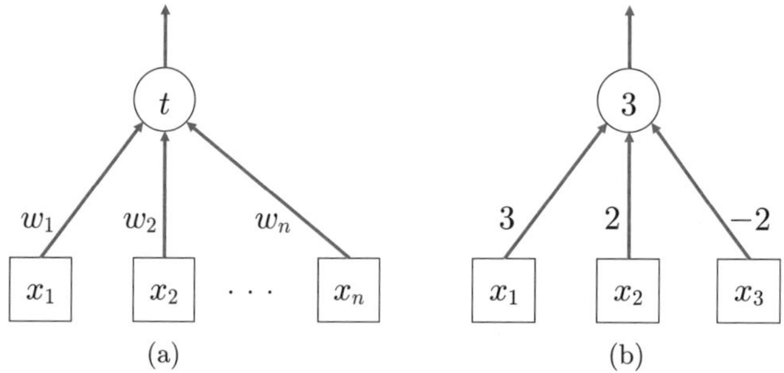

図 9.1 (a) しきい値素子．n 本の入力それぞれに重みが与えられ，さらにしきい値 t が与えられる．(b) 3 つの入力をもつしきい値素子の具体例．重みはそれぞれ 3, 2, −2 であり，しきい値は 3 である．

$$
\begin{aligned}
\sum_i w_i x_i &= 3 \times 1 + 2 \times 1 - 2 \times 0 \\
&= 5
\end{aligned}
$$

となり，しきい値の 3 以上となるため，ニューロンでいう活性化している状態となり，このときの出力は 1 となる．

別の入力を考えてみよう．図 9.1(b) のしきい値素子に，$X = (x_1, x_2, x_3) = (0, 1, 1)$ と入力された場合を考えよう．先ほどと同じように，式 (9.1) に今回の入力を当てはめると，

$$
\begin{aligned}
\sum_i w_i x_i &= 3 \times 0 + 2 \times 1 - 2 \times 1 \\
&= 0
\end{aligned}
$$

となり，今度はしきい値の 3 未満となるため，ニューロンでいう活性化していない状態となり，このときの出力は 0 となる．

9.2.2 ニューラルネットワークのモデル化：しきい値回路

しきい値回路とは，ここまで説明してきたしきい値素子の**組合せ回路** (combinational circuit) である．しきい値回路は複数のしきい値素子からなり，一

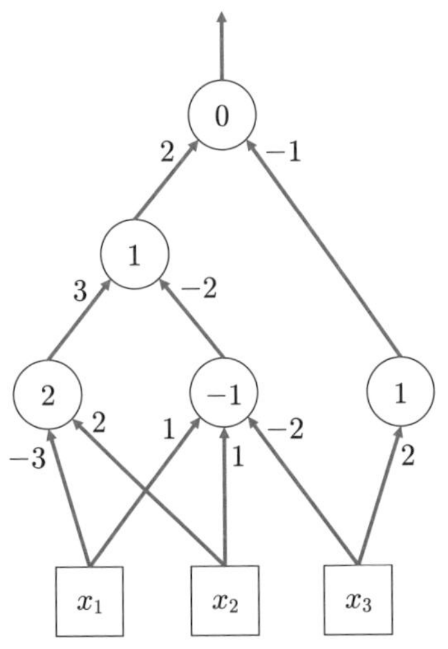

図 9.2 しきい値回路の例

部のしきい値素子は，別のしきい値素子の出力を入力として受け取る．組合せ回路にはフィードバックがない．つまり，自分の出力結果が巡り巡ってもう一度自分の入力にかかわることがないため，回路の入力に近い素子から順番に出力を計算することで，最終的な回路の出力を計算できる．図 9.2 は 5 つのしきい値素子からなるしきい値回路の例である．一番下に配置されている 3 つのしきい値素子は，回路の入力が決まることで出力を計算できる．しきい値が 2 の素子と −1 の素子の出力が決まることで，その上に配置されているしきい値が 1 の素子の入力が定まり，その素子の出力を計算できる．このように，入力に近いものから順にしきい値素子の出力を計算することで，最終的に回路の出力にかかわる素子の出力が求まり，それが回路の出力となる．

9.2.3 活性化関数

ここから先は，私たちの頭の中のニューロンやニューラルネットワークには触れることはしない．したがって，以降は前項までに扱ったしきい値素子のことをニューロン，しきい値回路のことをニューラルネットワークと表記する．

ここまでの説明では，ニューロン（しきい値素子）やニューラルネットワーク（しきい値回路）の入力や出力は，暗に「0」か「1」に限定していた．元々この概念が論理回路から生まれたものであり，電気が流れている状態を「1」，流れていない状態を「0」といった具合に表現していたためである．論理の世界には「0」と「1」しかなかったためそれで問題なかったが，機械学習ではこれ以外の実数を扱いたくなることが多々ある．売り上げを予測したいときに，その出力が「0」か「1」かだけでは物足りないだろう．

実際，ニューラルネットワークはコンピュータでシミュレートするため，ニューロンの入出力を「0」か「1」に限定する必要はない．特にニューロンの出力を決める関数は**活性化関数** (activation function) と呼ばれ，これまで「0」と「1」に限らず様々な値を返すような活性化関数が考案されてきた．ここでは，深層学習でよく使われる 4 つの活性化関数を紹介する．

ステップ関数

先ほど紹介したしきい値素子の出力を表す式 (9.1) も活性化関数の一つで，ステップ関数と呼ばれるものである．ステップ関数は図 9.3 のような形をしていて，重みをかけた入力の値がしきい値 t を超えるならば 1 を，そうでないならば 0 を返す．

使い道： データを分類する際に利用されることが多い．ニューラルネットワークの最終的な出力を決めるニューロンの活性関数をこのステップ関数にすることで，例えば「そのニューロンの出力が 1 なら合格，0 なら不合格」と決定できる．

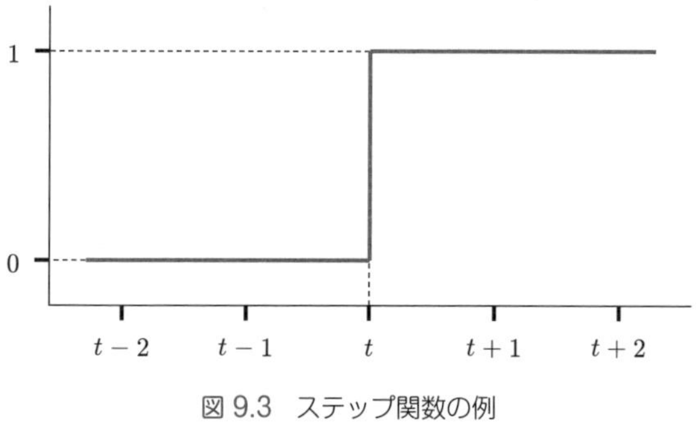

図 9.3 ステップ関数の例

恒等関数

恒等関数は図 9.4 のような形をしている．重みをかけた入力の値をそのまま，あるいは t を引いた値にして返す．

使い道： 回帰分析をする際に利用されることが多い．ニューラルネットワークの最終的な出力を決めるニューロンの活性関数をこの恒等関数にすることで，出力された値そのものを推測した値として扱える．

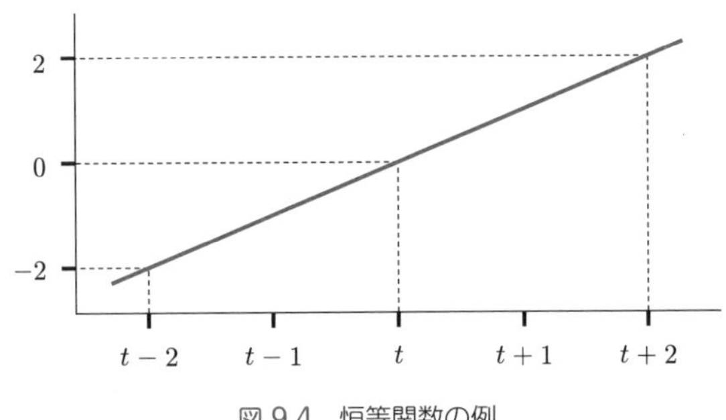

図 9.4 恒等関数の例

シグモイド関数

図 9.5 は，ロジスティック回帰の際にも使用したシグモイド関数である．重みをかけた入力の値がしきい値 t のときに 0.5 を返す．

使い道： ニューラルネットワーク全体で利用される．0〜1 の間の値を返すので扱いやすい関数である．ステップ関数のように 0 か 1 かで決めるのではなく，その間の値も返すことができるため，入力された情報をある程度残したまま次のニューロンに伝えることができる．一方で，後述する「勾配消失問題」が生じることがあり，使用には注意が必要である．

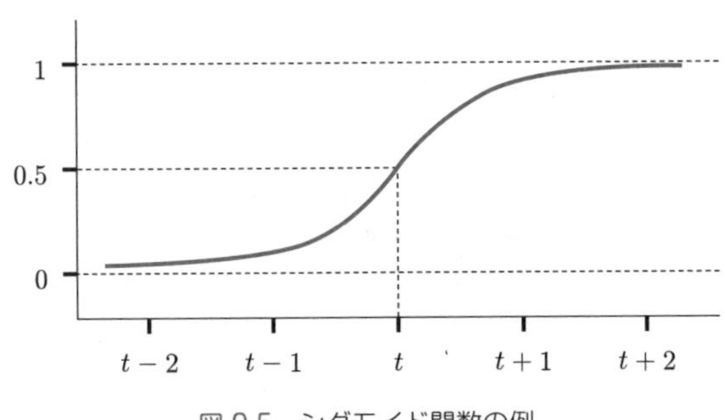

図 9.5 シグモイド関数の例

ランプ関数（ReLU）

図 9.6 は，ランプ関数を図示したものである．ランプ関数は rectified linear unit (ReLU) とも呼ばれている．ステップ関数と恒等関数を合わせた形をしていて，重みをかけた入力の値がしきい値 t よりも大きい場合は，恒等関数と同様，重みをかけた入力の値から t を引いた値を返す．一方で，重みをかけた入力の値がしきい値 t よりも小さい場合は，ステップ関数と同様 0 を返す．

使い道：　シグモイド関数と同様，ニューラルネットワーク全体で利用される．9.4.1 項で扱う「勾配消失問題」の発生を回避できることも知られている．

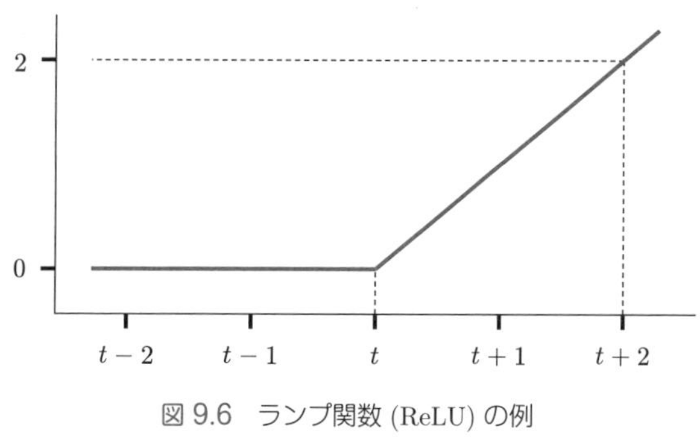

図 9.6　ランプ関数 (ReLU) の例

9.3　ニューラルネットワークの学習

ここまでで扱ってきた機械学習では，データを分類する式や，値を予測する式を求めることを目的としていた．それに対して，ニューラルネットワークによる深層学習では，データを分類したり値を予測したりするニューラルネットワークを求める．

ニューラルネットワークを構成するためには，まずニューラルネットワークの形を決め，次にそれぞれのニューロンの重みやしきい値を決める必要がある．深層学習では，ニューラルネットワークの形は人間の手で先に指定してしまって，学習データによって重みやしきい値を変えながら，より良いニューラ

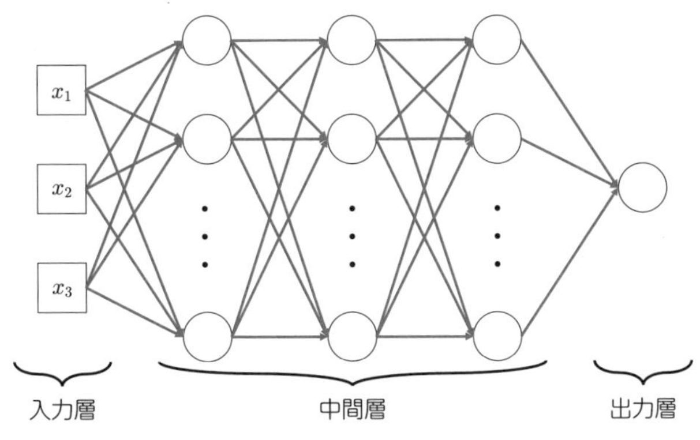

図 9.7 一般的なニューラルネットワークの形

ルネットワークを探すことがほとんどである．

深層学習で使用するニューラルネットワークには様々な形があるが，実際に機械学習で使用されるニューラルネットワークはいくつかのパターンしかない．図 9.7 は，最もオーソドックスなニューラルネットワークの形である．

ニューラルネットワークは，入力層 (input layer)・中間層 (intermediate layer)・出力層 (output layer) の 3 つに分かれている．

入力層

データを入力する層で，入力したいデータの個数だけニューロンを並べる．例えば成績関係の学習を行う場合，入力データに合わせて国語の成績を出力するニューロン，数学の成績を出力するニューロンというように，それぞれの入力データに対して 1 つのニューロンを用意する．他にも，画像データを入力にする場合は，ピクセルごとにその明るさや，複数の色に対してその色の強さを出力するためのニューロンを各々用意する．

中間層

中間層には，いくつかの層状にニューロンが配置される．入力にも出力にも直接関与しないニューロンからなる層なので，**隠れ層** (hidden layer) とも呼ばれる．1 つ目の層に含まれるニューロンは，入力層のニューロンそれぞれと接続され，以降の層も，1 つ前の層のそれぞれのニューロンと接続される．この中間層の層の数や，各層のニューロンの数を変えることで，様々な大きさのニューラルネットワークを作ることができる．たくさんのニューロンを用意すれば，中間層が1層あるだけであらゆる学習ができる能力をもつことや，2層になると1層のときに比べてかなり少ないニューロンの数で1層のときと同じ学習能力をもつことなどが知られている．層の数もニューロンの数も，基本的に増やせば増やすほど学習能力は上がるが，増やすに従って学習にかかる時間も増えてしまうため，ほどよい数を選ぶ必要がある．

出力層

出力層は学習の目的によって異なる．例えば合格／不合格を分類したい場合には，出力用に1つのニューロンを用意し，合格なら1，不合格なら0を出力するように学習すればよい．回帰分析を行いたい場合も，出力用に1つのニューロンを用意し，目的の値を出力できるように学習する．ロジスティック回帰で扱ったように，0と1の間の実数を返すようにして，それを合格率と捉えることも可能である．多項ロジスティック回帰のように複数のラベルに分類したい場合は，分類したいラベルの数だけ出力層にニューロンを用意することで，それぞれのニューロンが出力した値を，それぞれのラベルである確率に対応させることができる．3.4.2項で扱ったソフトマックス関数を使用することで，各ラベルの確率の合計を1，つまり100%に正規化することも容易である．

9.4 勾配降下法

ニューラルネットワークの形を決めたら，あとはそのニューラルネットワークが正しく出力できるように学習を行っていく．分類の機械学習では，データを分類するような直線を $y = ax + b$ と仮定して理想的な a や b を求めたが，深層学習では各ニューロンの理想的な重みやしきい値を求めていく．

もちろん，多くのニューロンに対してそれぞれ多くの重みを決める必要があるので，そのすべての組合せを1つずつ確認することはできない．したがって，これまでの機械学習と同様，少しずつ値を変えながら，より良い重みやしきい値を探っていくことになる．ここでは，深層学習でよく使われる，勾配降下法という方法について触れる.

勾配降下法 (gradient descent) は，次のような手順で実行される.

(1) すべてのニューロンに対して，適当に重みとしきい値を決める.
(2) それぞれの重みとしきい値に対して誤差が小さくなる方向を求める.
(3) その方向に少しだけ変更する.
(4) (2) と (3) を繰り返す.

例えばある 1 つの重みに着目して，その重みを少し大きくしたら誤差が増え，少し小さくしたら誤差が減ったとしよう．この場合には，その重みを少し小さい値に変更する．逆に少し大きくすることによって誤差が減るようであれば，その重みを少し大きい値に変更する．これを繰り返していくことで，より良いニューラルネットワークを目指す.

9.4.1 勾配降下法の問題点と解決策

最後に，勾配降下法の 4 つの問題点とその解決策について述べる.

計算時間

勾配降下法を実装するにあたって，ニューロンの重みやしきい値を変更した際に，誤差が増えるのか減るのかについて，何回も計算しなければならない．特に，出力から離れているニューロンに対しては誤差の計算に時間がかかってしまう．本書では詳しく扱わないが，微分の連鎖律を応用した**誤差逆伝播法** (backpropagation) というテクニックを使うことで効率的に計算できることが知られている.

勾配消失問題

出力層のニューロンから離れれば離れるほど，勾配，つまり重みを変えたときに変化する誤差の量はどんどん小さくなる．特に，中間層のどこかで一度勾配が 0 になってしまうと，その層より入力層側での勾配もすべて 0 になってしまう．この勾配消失問題の解決策として，次元削減を事前に行うことでデータを圧縮し，ニューラルネットワーク自体のサイズを小さく抑える方法や，シグモイド関数に比べて勾配が消失しにくいランプ関数を利用するなどの方法がある．

局所解

勾配降下法を使って解を１つ見つけたとしよう．その解は，重みやしきい値を少しずつ調整してたどり着いた解なので，重みやしきい値を少し変えたくらいでより良い解を見つけることはできない．では，この解は最適な解ということができるだろうか．残念ながらそうではない．実際のところ重みやしきい値を大きく変えた場合に，より良い解が見つかることは少なくない．このように，局所的に見た場合には最適な解に思えるが，実は全体を見ると最適ではないような解のことを**局所解** (local solution) と呼ぶ．勾配降下法は，その値を少しずつ調整するという性質からこの局所解に陥りやすいという性質をもつ．一方で，局所解を避けるために，**確率的勾配降下法** (stochastic gradient descent) や，**ミニバッチ勾配降下法** (mini-batch gradient descent) など，改良された様々な勾配降下法が知られている．他にも 8.4.4 項で扱った学習率を導入し，初めのうちは大きく重みやしきい値を変更して，収束が近づくにつれて変更する量を小さくしていく方法などがある．

過学習

深層学習でも，他の機械学習と同様に過学習をしてしまうことがある．特に，ニューラルネットワークは計算能力が高いため，気をつけないとすぐに過学習が起こる．これを避けるための方法として，重みやしきい値があまり大きな値をもたないようにする**正規化** (normalization) という方法や，学習の途中でランダムにいくつかのニューロンを取り除いたり元に戻したりしながら学習を行う**ドロップアウト** (dropout) という方法が知られている．

9.5 その他のニューラルネットワーク

9.5.1 畳み込みニューラルネットワーク

畳み込みニューラルネットワーク (convolution neural network, CNN) は，入力データが画像のときによく使われる．**畳み込み** (convolution) とは，２つの関数から1つの関数を作る方法で，合成積とも呼ばれている．これは画像に限らず，音声から電気回路に至るまで様々な分野で利用されている考え方である．例えば画像処理の分野では，「元の画像」と「フィルタ」を畳み込むことで「新しい画像」が得られる．これと同じように，畳み込みニューラルネットワークでは，「元データ」と「ニューラルネットワーク」を畳み込むことで「新しいデータ」が得られる．畳み込みニューラルネットワークではこのフィルタに当たるニューラルネットワークをうまく学習させ，元データから様々な特徴を抽出した新しいデータを得ることが目的である．

9.3 節で紹介したニューラルネットワークは**全結合** (fully connected) と呼ばれ，位置に関係はなく，すべてのニューロン同士の関係を探っていた．対して畳み込みニューラルネットワークでは，場所的に近いニューロン同士ごとに特徴を抽出する**畳み込み層** (convolutional layer) と，近くで抽出された特徴同士を集約していく**プーリング層** (pooling layer) が交互に並んだ形をしている．そのため，位置ずれに強いという特徴をもっている．

9.5.2 再帰型ニューラルネットワーク

再帰型ニューラルネットワーク (recurrent neural network, RNN) は，入力データが時系列データのときによく使われるニューラルネットワークである．ここまで扱ってきたニューラルネットワークは組合せ回路と呼ばれ，出力は現在の入力のみに依存していたが，再帰型ニューラルネットワークでは，このニューラルネットワークに，フィードバックと呼ばれる記憶のような機能をもたせることで，回路の出力が過去の入力にも依存するような工夫がされている．

再帰型ニューラルネットワークは自然言語処理で活躍する．前の単語の特徴を覚えておくことができるため，例えば「この『も』は『すもも』の後にきたから助詞の可能性が高いな」などと推測できると考えられている．

9.5.3 敵対的生成ネットワーク

敵対的生成ネットワーク (generative adversarial network, GAN) は，2つのニューラルネットワークを競わせて学習を行うもので，深層学習の研究でチューリング賞を受賞した Yann LeCun 氏が「機械学習においてこの 10 年で最も面白いアイデア」と述べた斬新な手法である．よく使われるのが，次のような**生成ネットワーク** (generative network) と**識別ネットワーク** (discriminative network) の 2 つを利用する方法である．

生成ネットワーク

識別ネットワークが見分けられないくらいに本物とそっくりの画像を生成する．

識別ネットワーク

生成ネットワークが作成した画像と本物の画像を見分ける．

この敵対的生成ネットワーク (GAN) を利用することで，架空のベッドルームの画像を生成したり，怒っている人の画像から笑顔の画像を生成したり，線だけの画像を着色したりと，様々なことができるようになった．

さらに発展させた手法として **cycle GAN** というものもあり，写真を有名な画家の画風に変換したり，画像中の馬とシマウマを入れ替えたりできる．通常の GAN では「馬をシマウマに変える」といったことを目的に学習を行うのに対して，cycle GAN ではそれに加えて，「シマウマを馬に変える」という学習も行う．このように 2 方向の学習を行うことで，ある馬の画像に対して，馬をシマウマに変えた後にシマウマを馬に変えた画像が，元の馬の画像になるべく近くなるように学習をさせることが可能となり，より高度な学習を実現している．

演習問題

9.1 もしあなたが本章で扱った深層学習の技術を身につけたとしたら，その技術を使って何をしてみたいか論じなさい．

9.2 AND 関数・OR 関数・NOT 関数を計算するしきい値素子（ニューロン）を作りなさい．AND 関数は 2 入力 1 出力で，2 つの入力がともに 1 のときのみ出力が 1 になる関数である．OR 関数は 2 入力 1 出力で，2 つの入力がともに 0 のときのみ出力が 0 になる関数である．NOT 関数は 1 入力 1 出力で，入力が 1 のときは 0 を，入力が 0 のときには 1 を出力する関数である．

9.3 表 9.1 に示す関数 f を計算するしきい値回路（ニューラルネットワーク）をなるべく少ない素子数で作りなさい．すなわち，3 つの入力 x, y, z を受け取った際に，出力にかかわる素子が正しく $f(x, y, z)$ を出力する回路を作りなさい．

表 9.1 ある関数

x	y	z	$f(x, y, z)$
0	0	0	0
0	0	1	1
0	1	0	1
0	1	1	1
1	0	0	1
1	0	1	1
1	1	0	0
1	1	1	1

9.4 活性化関数としてランプ関数 (ReLU) を使う利点を 3 つ挙げなさい．

9.5 本章に限らず，本書では様々な機械学習やその手法について学んできた．いま一度その内容について思い出し，それらの中で，あなたが最も気に入ったものを 1 つ挙げなさい．また，気に入った理由について述べなさい．

おわりに

本書では様々な機械学習の手法と，その裏に隠されたアルゴリズムについて触れてきた．機械学習もアルゴリズムもとても奥の深い分野であり，本書で触れることができたのはそれらのほんの一部に過ぎないものの，分野全体をひと通り扱った．特に，機械学習が何を目的としていて，どのようにそれを達成しようとしているのかという，機械学習の「キモチ」をすべて詰め込んでいる．ここまでたどり着いた読者は，おそらく機械学習の分野の全体像がつかめたのではないだろうか．

この本で扱った一つひとつの項目は，どれもそれひとつで本１冊，あるいはそれ以上になるようなものである．本書を最初のステップとして，ここまでを読み興味をもった項目についてはぜひ次のステップへと進み，さらなる知見を深めていってほしい．

参考文献

[1] Sebastian Raschka: *Python Machine Learning: Unlock deeper insights into Machine Leaning with this vital guide to cutting-edge predictive analytics*, Packt Publishing (2015).（株式会社クイープ・福島真太朗（訳）：『Python 機械学習プログラミング―達人データサイエンティストによる理論と実践―』，インプレス（2016).）

[2] 金森敬文：『Python で学ぶ統計的機械学習』，オーム社（2018).

[3] 株式会社システム計画研究所：『Python による機械学習入門』，オーム社（2016).

[4] Sutton, R.S., Barto, A.G.: *Reinforcement Learning: An Introduction* (*Adaptive Computation and Machine Learning series*), MIT Press (1998).（三上貞芳・皆川雅章（訳）：『強化学習』，森北出版（2000).）

[5] 大関真之：『機械学習入門―ボルツマン機械学習から深層学習まで―』，オーム社（2016).

[6] 岡谷貴之：『深層学習（機械学習プロフェッショナルシリーズ)』，講談社（2015).

[7] 神嶌敏弘・麻生英樹・安田宗樹・前田新一・岡野原大輔・岡谷貴之・久保陽太郎・ボレガラ ダヌシカ：『深層学習 Deep Learning』，近代科学社（2015).

略　解

第1章

1.1　ユークリッドの互除法と呼ばれるアルゴリズムを使えばよい．

$a \geq b$ と仮定すると，以下の事実が成り立つ．もし a が b で割り切れるならば，a と b の最大公約数は b である．もし割り切れないのであれば，a を b で割った際の剰余，つまり余りを r とすると，a と b の最大公約数は b と r の最大公約数と等しくなる．例えば 162 と 42 の最大公約数を求めたい場合，162 を 42 で割った余りは 36，42 を 36 で割った余りは 6，そして 36 は 6 で割り切れるので，162 と 42 の最大公約数は 6 と求まる．

$a \geq b$ と仮定し，a を b で割った際の剰余を r とすると，$a \geq 2r$ となることが証明でき，これを利用するとこのアルゴリズムで剰余を求める回数が $O(\log a)$ 回に抑えられることが求まる．

1.2　貪欲法のアルゴリズムを使えばよい．

n 種類の液体が，単位量当たりの価値の高い順に $1, 2, \ldots, n$ と名付けられているとする．すなわち，$v_1/w_1 \geq v_2/w_2 \geq \cdots \geq v_n/w_n$ とする（そうでなければ名前を付け替えればよい）．この状態で，液体 1 から順に容器に入るだけ入れていけばよい．

1.3　動的計画法のアルゴリズムを使えばよい．

整数の集合の要素からいくつかを選んで作ることのできる数を，集合のサイズが小さいものから順に計算していく．集合が空集合のとき，作ることのできる数は 0 のみである．集合が $\{a_1\}$ の場合，作ることのできる数は 0 と a_1 となる．同様に，集合に整数が 1 つ増える場合，元々作ることのできた数は当然作ることができ，それに加えて元々作ることのできた数にいま増えた整数の数を足した数も作ることができる．また，100 よりも大きい数については，条件を満たさないため忘れてしまってよい．

以上の事実を使って計算していくことで，最終的に集合 A で作ることのできる数を計算できる．

1.4　小学校で習う掛け算の筆算を同じことをすればよい．

筆算が分割統治法の考え方を利用していることに着目する．なお，筆算では一の位，十の位といった桁ごとに分割を行うが，その分割の仕方をさらに工夫することでより計算時間を速くすることもできる．

第 2 章

2.1　割愛する.

2.2　二分探索を利用することで効率良く数字を当てられる．まず $n/2$ の数を選ぶことで，それより小さければ $1\sim n/2$，それより大きければ $n/2\sim 1$ の範囲に答えがあることになる．これを繰り返すことで，最悪でも $O(\log n)$ 回の質問で数字を当てられることになる.

2.3　図は表 2.3 をプロットしたものである．本文中で紹介した方法を使うことで，決定境界は $y = 2x - 3$ と求まる．したがって，$y > 2x - 3$ ならばレモン，$y < 2x - 3$ ならばメロンと分類する．甘味が 3，酸味が 2 だった場合には，$2 < 6 - 3$ であり，メロンと分類される.

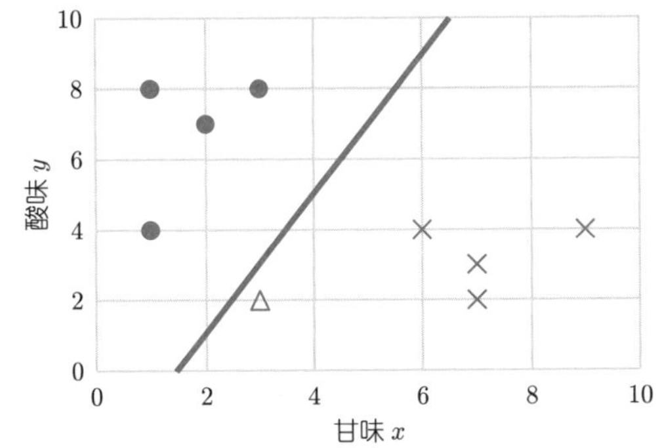

図　表 2.3 をプロットし，決定境界を書き加えたもの．マルがレモン，バツがメロンを表す．三角で表した未知のデータは求めた決定境界の下にあるため，メロンに分類される.

2.4　甘味が 3，酸味が 2 のデータに対して，最も近いデータは甘味が 1，酸味が 4 のレモンのデータである．そのため，近傍法を使った場合，このデータはレモンに分類される．前問 2.3 と結果が異なることに注意する．良い点と悪い点については本文中で触れたため割愛する.

2.5　データ全体のジニ不純度を計算すると約 0.473 となる．判定後のデータは左側が 0.444，右側が 0.245 となっている.

　データをよく眺めると，2 本の横線できれいにマルと三角のデータを分けられることに気づく．このデータは，ジニ不純度を利用した CART アルゴリズムが最適解を求められない例となっている.

第3章

3.1　割愛する．

3.2　割愛する．

3.3　割愛する．

3.4　図は表3.2をプロットしたものである．本文中で紹介した方法を使うことで，回帰直線は(6.4, 3)を通る傾き0.2604の直線とわかる．計算すると，その直線は$y = 0.2604x + 1.3333$となる．この式に$x = 5$を代入することで，甘味が5のときの酸味を2.635と推測できる（小数点以下第5位で四捨五入している）．

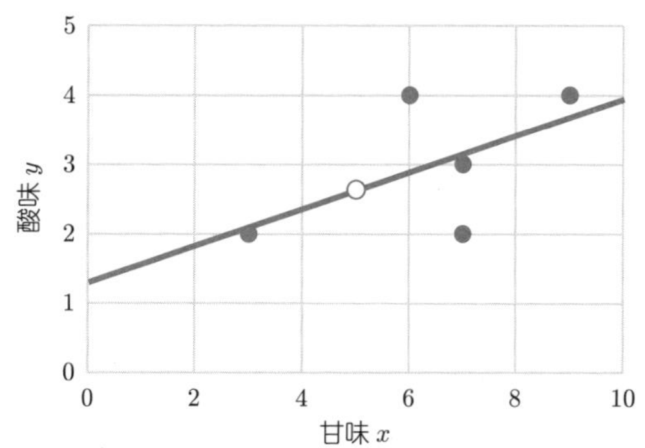

図　表3.2をプロットし，回帰直線を書き加えたもの

3.5　式(3.1)〜(3.3)の各式の分子と分母をそれぞれ$e^{-a_1x+b_1}$で割ってみよう．あとは式変形をすることで，式(3.4)〜(3.6)の各式が得られる．

第4章

4.1　玉の数が2個ずつの場合，すべての場合を調べることで，1/6の確率で2個，1/3の確率で1個，1/2の確率で0個とわかる．計算すると期待値は0.6667と求まる．

玉の数が100個ずつの場合，計算すると期待値は0.9610となる．玉の数をどんなに増やしても期待値が1を超えることはない．

4.2　再現率はメロンのうち，メロンと正しく判定できた割合のことで，計算すると$80/100 = 0.8000$となる．適合率は，メロンと判定したうち本当にメロンだった割合のことで，計算すると$80/120 = 0.6667$となる．F値はそれらの値から計算でき，0.7273となる．

4.3　前問4.2と同様に計算すると，再現率は0.6000，適合率は0.7500，F値は0.6667

と計算できる．問題文の通り「メロンと思って食べてみたら本当はレモンで驚いてしまって嬉しくない」と仮定すると，レモンを判定する再現率が高いほどそのようなことが起きないため，嬉しい結果となる．

4.4 期待値を計算すると 3.99 となる．サイコロを 6 回振ると，それぞれの目がちょうど 1 度ずつ出てもよさそうだが，そうはいかないようである．サイコロの面が増えた場合，さらに顕著になる．例えば，100 面のサイコロを 100 回振っても，63.4 種類ほどの目しか出ない．

4.5 クーポンコレクター問題と知られている問題である．$6/6 + 6/5 + 6/4 + 6/3 + 6/2 + 6/1$ で計算できて，14.7 回と求まる．意外と多いと感じたのではないだろうか．ちなみに 100 面のサイコロを使用したとすると，期待値は 500 回以上となる．

第 5 章

5.1 割愛する．

5.2 本文中の定義に当てはめることで，ユークリッド距離・マンハッタン距離・チェビシェフ距離は，それぞれ $\sqrt{34} \simeq 0.5831$，8，5 と求めることができる．

5.3 ボトムアップ型でユークリッド距離・最短距離法を用いて樹形図を作成すると図のようにグループがまとまっていき，最終的に全体が 1 つのグループとなる．なお，同距離の結合の順番は任意に行ってよい．

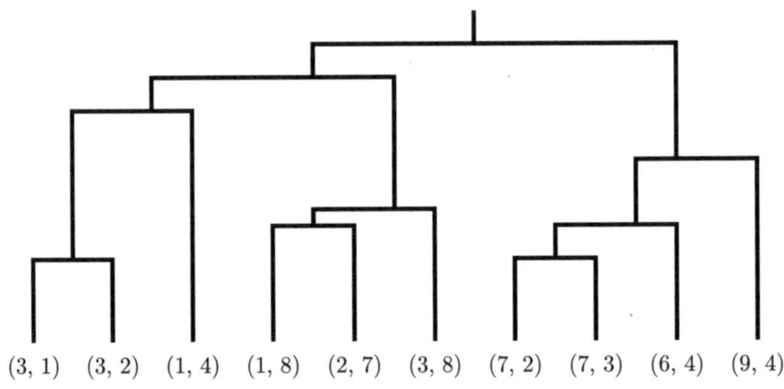

図 表 5.1 のデータから作成した樹形図の例．この樹形図では結合する高さをおおむね結合するグループ同士の距離としているため，グループごとの類似度も視覚的に捉えることができる．

5.4 $\{(2,2),(3,0),(3,3),(4,0)\}$ と $\{(14,6),(15,4),(15,7),(16,5)\}$ に分かれる．

5.5 $\{(3,0),(4,0),(15,4),(16,5)\}$ と $\{(2,2),(3,3),(14,6),(15,7)\}$ に分かれる．初期値により結果が異なること，それによってうまくいかない場合があることに気がつく．

第7章

7.1　割愛する．

7.2　{にわ，わに，には，はに，にわ，わに，にわ，わと，とり，りが，がい，いる} となる．

7.3　図のような有向グラフとなる．前問で作成した 2-gram には「わに」が 3 つ，「わと」が 1 つ含まれるため，「わ」から 3/4 の確率で「に」に，1/4 の確率で「と」にいくことに注意する．

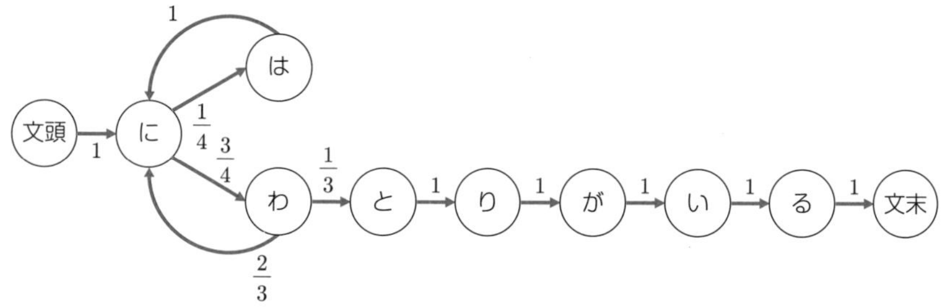

図　「にわにはにわにわとりがいる」の 2-gram から作られるマルコフ連鎖を表す有向グラフ

7.4　グラフ上の最短路はダイクストラ法を用いて見つけることができる．

ダイクストラ法の計算時間は点数を n，辺数を m としたときに $m+n\log n$ となることが知られているが，図 7.5 の有向グラフにはループがないことに着目すると，さらに効率の良いアルゴリズムを作成できる．具体的には，正しい順番で頂点に着目していくことで，各頂点の更新回数を 1 回に抑えられるため，計算に $m+n$ 時間しかかからない．さらに，この順番を求めるアルゴリズムは，トポロジカルソートと呼ばれ，$m+n$ 時間で完了することも知られている．

7.5　最長一致法を利用した場合，「すもも/もも/もも/もも/の/うち」となってしまう．これは最長一致法に限らず，文節数を少なくするほかの手法でも起こりうることで，本文中ではその対策としてコストに着目した手法を紹介した．

第8章

8.1　割愛する．

8.2　ゲーム木を作成することで，先手必勝とわかる．先手は初手で 1 枚だけコインをとればよい．

8.3　繰り返しプレイアウトをしていくことで，左のマスに置いた場合には 7.78，真ん中のマスに置いた場合には 8.31，右のマスに置いた場合には 5.32 という値に近づいていく．したがって，左のマスにコインを置くのがよい．

もちろん，何回か繰り返した段階で右のマスはあまりよくないということがわかるため，左のマスと真ん中のマスを中心に繰り返すことで精度を高めることもできる．

8.4 現在持っているクッキーの枚数（0〜10 枚）と，2 種類の道具を所持しているかどうかで，全 44 個の状態がある．そのそれぞれの状態に対して，状態価値「その状態から最短で 10 枚のクッキーを手に入れるまでにかかる時間」を計算してやればよい．

例えば，めん棒と抜き型を両方持っていて，クッキーを 2 枚持っている状態には，「両方持っていてクッキーが 1 枚」という状態から 3 秒かけてたどり着くか，「めん棒のみ持っていてクッキーが 6 枚」という状態から抜き型を交換するか，「抜き型のみ持っていてクッキーが 4 枚」という状態からめん棒を交換するかでたどり着ける．あとはクッキーが 10 枚ある状態の状態価値が 0 と求まることから，計算することができる．

初期状態の「めん棒も抜き型も持ってなくて，クッキーは 0 枚」の状態価値が本問題の解答であり，80 秒と求めることができる．これは，40 秒かけて 4 枚焼いた時点で抜き型と交換し，その後 10 秒かけて 2 枚焼いた時点でめん棒と交換し，最後に 30 秒かけて 10 枚焼くことで達成できる．

8.5 この問題は，道具を手に入れたらなくなることはない，これまでに焼いたクッキーの総数が減ることはない，といった特徴から，一度たどり着いた状態には二度と戻らないことがわかる．この性質から，正しい順番で状態価値を求めることで，仮の状態価値の値ではなく最終的な状態価値を直接求めることができ，効率的に計算を行える．

第 9 章

9.1 割愛する．

9.2 例えば AND 関数は，2 つの入力の重みがそれぞれ 1,1 で，しきい値が 2 の素子で表せる．また，OR 関数は 2 つの入力の重みがそれぞれ 1,1 で，しきい値が 1 の素子，NOT 関数は入力の重みが -1 で，しきい値が 0 の素子で表せる．同様の考え方をすることで，AND 関数や OR 関数を入力が 3 以上のものに一般化することもできる．

9.3 3 つの素子で構成することができる．例えば，$(x, y, z) = (0, 0, 0)$ のときに活性化する素子と $(x, y, z) = (1, 1, 0)$ のときに活性化する素子を用意し，上記 2 つの素子がどちらも活性化していないときのみ活性化する素子を出力とすることで構成できる．

9.4 本文内で触れた勾配消失問題に強いことが利点の一つである．他にもいろいろと利点はあるが，計算式がシンプルで高速に計算できること，（$x = 0$ の際の微分を 1 と仮定することで）特に微分が定数時間で行えることが大きい．また，$x < 0$ のときの出力が 0 であることが，ニューラルネットワーク内で同時に活性化するニューロンの数を少なくする傾向があることもわかっており，これによって過学習を防ぐことができる．

9.5 割愛する．

索　引

memo

memo

memo

memo

memo

〈著者紹介〉

鈴木　顕（すずき　あきら）

2013 年　東北大学大学院情報科学研究科博士後期課程修了
現　　在　東北大学大学院情報科学研究科 准教授，博士（情報科学）
専　　門　組合せ遷移，グラフアルゴリズム，計算の複雑さ，ニューラルネットワーク

探検データサイエンス

機械学習アルゴリズム

Algorithms for Machine Learning

2021 年 6 月 10 日　初版 1 刷発行

著　者　鈴木　顕

発行者　南條光章

発行所　**共立出版株式会社**

〒112-0006
東京都文京区小日向 4-6-19
電話番号　03-3947-2511（代表）
振替口座　00110-2-57035
www.kyoritsu-pub.co.jp

印　刷　大日本法令印刷

製　本　協栄製本

一般社団法人
自然科学書協会
会員

検印廃止
NDC 007.13

ISBN 978-4-320-12517-9

Printed in Japan